教育部中等职业教育"十二五"国家规划立项教材

中等职业教育服装设计与工艺专业系列教材

U0190692

服装款式图绘制技巧

主 编 黄正果

副主编 谭 华 苟春平

FUZHUANG

KUANSHITU

HUIZHI JIQIAO

重庆大学出版社

图书在版编目（CIP）数据

服装款式图绘制技巧 / 黄正果主编. —重庆：重庆大学出版社，2016.8（2022.1重印）
中等职业教育服装设计与工艺专业系列教材
ISBN 978-7-5624-9523-9

Ⅰ.①服… Ⅱ.①黄… Ⅲ.①服装设计—效果图—计算机辅助设计—中等专业学校—教材 Ⅳ.①TS941.26

中国版本图书馆CIP数据核字（2015）第249674号

中等职业教育服装设计与工艺专业系列教材

服装款式图绘制技巧

主　编　黄正果

副主编　谭　华　苟春平

责任编辑：王晓蓉　　　版式设计：胡本万

责任校对：贾　梅　　责任印制：赵　晟

重庆大学出版社出版发行

出版人：饶帮华

社址：重庆市沙坪坝区大学城西路21号

邮编：401331

电话：（023）88617190　88617185（中小学）

传真：（023）88617186　88617166

网址：http://www.cqup.com.cn

邮箱：fxk@cqup.com.cn（营销中心）

全国新华书店经销

重庆五洲海斯特印务有限公司印刷

开本：787mm×1092mm　1/16　印张：7　字数：175千

2016年8月第1版　　2022年1月第2次印刷

ISBN 978-7-5624-9523-9　定价：34.00元

编写合作企业

重庆雅戈尔服装有限公司

重庆校园精灵服饰有限公司

金夫人婚纱摄影集团

重庆段氏服饰实业有限公司

重庆名瑞服饰集团有限公司

重庆蓝岭服饰有限公司

重庆锡霸服饰有限公司

重庆金考拉服装有限公司

重庆热风服饰有限公司

重庆索派尔服装企业策划有限公司

重庆圣哲希服饰有限公司

广州溢达制衣有限公司

序　言

2010年《国家中长期教育改革和发展规划纲要（2010—2020）》正式颁布，《纲要》对职业教育提出："把提高质量作为重点，以服务为宗旨，以就业为导向，推进教育教学改革。"为了贯彻落实《纲要》的精神，2012年3月，教育部印发了《关于开展中等职业教育专业技能课教材选题立项工作的通知》（教职成司函[2012]35号）。根据通知精神，重庆大学出版社高度重视，认真组织申报工作。同年6月，教育部职业教育与成人教育司发函（教职成司函[2012]95号）批准重庆大学出版社立项建设"中等职业教育服装设计与工艺专业系列教材"，立项教材经教育部审定后列为中等职业教育"十二五"国家规划教材。选题获批立项后，作为国家一级出版社和职业教材出版基地的重庆大学出版社积极协调，统筹安排，联系职业院校服装设计类专业教学指导委员会，听取高校相关专家对学科体系建设的意见，了解行业的需求，从而确定系列教材的编写指导思想、整体框架、编写模式，组建编写队伍，确定主编人选，讨论编写大纲，确定编写进度，特别是邀请企业人员参与本套教材的策划、写作、审稿工作。同时，对书稿的编写质量进行把控，在编辑、排版、校对、印刷上认真对待，投入大量精力，扎实有序地推进各项工作。

职业教育，已成为我国教育中一个重要的组成部分。为了深入贯彻党的十八大和十八届三中、四中全会精神，贯彻落实全国职业教育工作会议精神和《国务院关于加快发展现代职业教育的决定》，促进职业教育专业教学科学化、标准化、规范化，建立健全职业教育质量保障体系，教育部组织制定了《中等职业学校专业教学标准（试行）》，这对于探索职业教育的规律和特点，创新职业教育教学模式，规范课程、教材体系，推进课程改革和教材建设，具有重要的指导作用和深远的意义。本套教材就是在《纲要》指导下，以《中等职业教育服装设计与工艺专业课程标准》为依据，遵循"拓宽基础、突出实用、注重发展"的编写原则进行编写，使教材具有如下特点：

（1）理论与实践相结合。每本书分为"基础篇""手绘实践篇""电脑绘制实践篇""拓展提高篇"4个篇目，每个篇目由几个学习任务组成，通过综述、培养目标、学习重点、学习评价、拓展练习、知识链接、友情提示等模块，明确学习目的，丰富教学的传达途径，突出了理论知识够用为度，注重学生技能培养的中职教学理念。

（2）充分体现以学生为本。针对目前中职学生学习的实际情况，注意语言表达的通俗性，版面设计的可读性，以学习任务方式组织教材内容，突出学生对知识和技能学习的主体性。

（3）与行业需求相一致。教学内容的安排、教学案例的选取与行业应用相吻合，使所学知识和技能与行业需要紧密结合。

（4）强调教学的互动性。通过"友情提示""试一试""练一练"等栏目，把教与学有机结合起来，增加学生的学习兴趣，培养学生的自学能力和创新意识。

（5）重视教材内容的"精、用、新"。在教材内容的选择上，做到"精选、实用、新颖"，特别注意反映新知识、新技术、新水平、新趋势，以此拓展学生的知识视野，提高学生美术设计艺术能力，培养前瞻意识。

（6）装帧设计和版式排列上新颖、活泼，色彩搭配上清新、明丽，符合中职学生的审美趣味。

本套教材的实用性和操作性较强，能满足中等职业学校美术设计与制作专业人才培养目标的要求。我们相信此套立项教材的出版会对中职美术设计与制作专业的教学和改革产生积极的影响，也诚恳地希望行业专家、各校师生和广大读者多提改进意见，以便我们在今后不断修订完善。

重庆大学出版社

2016年3月

前　言

本书是在大量市场调研的基础上，根据服装设计与工艺专业课程设置要求和服装款式图绘制技巧课程标准编写的，适合中等职业学校服装设计与工艺专业的学生和教师使用，也可作为服装爱好者的参考阅读资料。

编写本书的主要目的在于培养服装设计师助理，主要功能是使学生掌握服装款式图绘制的基本知识，培养基本素质和基本技能，通过实践锻炼后能胜任服装设计助理工作。

本书分为四个部分，第一部分是基础篇，主要介绍服装款式图的基本知识以及绘制工具；第二部分是手绘实践篇，从基本技巧入手，从局部到整体，进行服装款式图的手绘训练；第三部分是电脑绘制实践篇，从实用角度出发，用CorelDRAW、Photoshop软件进行服装款式图的绘制实践；第四部分是拓展提高篇，主要介绍构图、技法、风格、装裱的相关知识。

本书在编写中突出了以下几个特点：

一是按项目和任务编写，体现学习与工作的对接关系。全书由10个既相互联系又相对独立的学习任务组成，注重建立学习与工作的直接关联，使学习内容与工作内容对应，学习过程与工作过程衔接，增强了学习的针对性、实用性。

二是注重理论—实践一体化教学。本书以任务引领学习，集理论、实践于一体，图文并茂，操作性强。内容编排注意由易到难，易教易学。既有基本理论知识的传授，也注重实际操作技能的培训，遵循手绘与电脑绘制并重的原则，以适应信息化发展的要求。

三是注重基本知识传授、基本素质培养和基本技能训练。本书设计的基本知识学习、基本素质培养以及基本技能训练，目标明确、要求具体，建立在市场调研基础上，体现了实际岗位对从业人员知识、技能、素养的基本需求。

本书主要由黄正果编写，其中手绘篇由谭华编写，苟春平参与了款式选择与部分文字编写工作，黄恋乔参与了大量图片的后期处理工作并绘制了部分插图，李静静提供了一些款式及图片，在此一并表示感谢。

由于编者水平所限，疏漏、不足之处在所难免，敬请专家和广大师生、读者朋友批评指正。

编　者

2016年1月

目　录

基 础 篇

JICHUPIAN ≫

[综　　述]

本篇主要引导认识服装款式图，能够区分服装效果图与款式图。掌握电脑软件绘制和手工绘制款式图的基本工具与材料，能用基本工具进行简单的绘图尝试。

[培养目标]

建立服装款式图的正确概念；掌握基本款式图的绘制工具。

[学习手段]

①通过款式图、效果图、其他服装插图实例进行分析理解。

②实践操作，小组合作。

》》》》》学习任务一
服装款式图基础

[学习目标] 正确认识服装款式图, 了解款式图的不同表现途径, 培养款式图的基本审美。

[学习重点] 认识服装款式图, 了解款式图的不同表现途径。

[学习课时] 2课时。

一、服装款式图的基础知识

　　服装款式图是以平面的形式来表现服装款式的绘画。服装款式图基本包括正面图、背面图和局部图三个部分 (图1-1), 有时还有3/4角度和侧面角度图。服装款式图不同于服装效果图, 不用画出人体, 一般不用着色, 主要画出服装的款式结构和造型特征。服装款式图主要注重款式细节的表现, 对结构、制作工艺等细节的要求比较严格, 工艺细节、衣片结构、缉线等方面都要一丝不苟地表现出来。

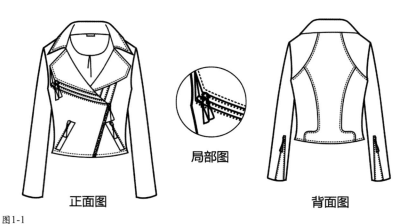

局部图

正面图　　　　　　　　　　　　　　　　背面图

图1-1

知识链接

　　一般而言, 人们把服装效果图、服装款式图、服装装饰图、时装画等统称为服装画, 服装设计工作的从业者, 都有必要熟练地掌握各类服装画的画法, 它是把转瞬即逝的想法、灵感固定下来以表现设计意念的必要手段。服装画可夸张、可写实、可简约、可精致, 每位设计师都有自己独特的风格。

服装款式图具有简单明晰、绘制方便的优点，可以用于收集服装款式，用于服装设计的辅助设计，还可以作为生产环节间的款式依据。因此，服装设计师、版型师、工艺裁剪等岗位都需要掌握这种技法。

二、服装款式图的表现方式

1.手工绘制

手工绘制是服装款式图的常用绘制方法，常用的工具有铅笔、水彩、水粉、马克笔等，以适应表现不同的风格。

2.电脑绘制

随着计算机的发展，计算机作为工具来完成服装款式图的绘制，已经成为服装从业者的必修课程。在众多的平面设计软件中，CorelDRAW、Photoshop以其操作方便、普及性强，深受大家的喜欢。CorelDRAW是计算机上最流行的矢量绘图处理软件之一，Photoshop也是专业位图处理软件，特别适合用来进行服装款式图的绘制。根据服装款式图的绘制要求，结合两个软件的不同特点，一般可以用CorelDRAW来绘制款式图的线描稿，再在Photoshop中进行色彩、面料以及后期效果的处理。

目前使用比较稳定、应用范围比较广的是CorelDRAW X3、Photoshop CS3版本。由于两个软件是专业的平面设计软件，功能强大，工具、选项众多，本书仅选择部分对应服装款式图绘制相关的内容进行讲解，要了解相关软件的详细操作，请参阅其他专业书籍。

学习评价

学习要点	我的评分	小组评分	教师评分
正确分辨款式图、效果图（50分）			
能够区分电脑与手绘款式图（50分）			
总　　分			

学习任务二
服装款式图绘制工具介绍

[学习目标] 了解常用设计软件CorelDRAW、Photoshop的基本操作,熟悉常用工具;了解手绘使用的基本工具及材料。

[学习重点] 基本工具的使用。

[学习课时] 4课时。

一、CorelDRAW的基础知识

CorelDRAW是加拿大Corel公司出品的平面设计软件。这个图形工具给设计师提供了矢量动画、页面设计、网站制作、位图编辑和网页动画等多种功能(图2-1)。本书只针对服装款式图绘制相关的知识及工具进行介绍。

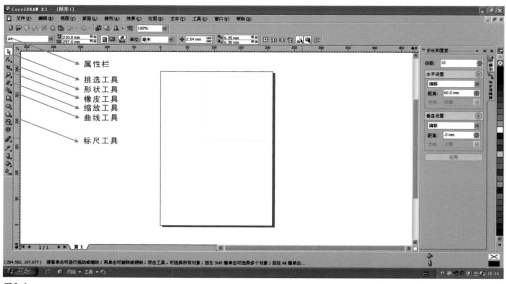

图2-1

1.页面设置

根据输出幅面的大小,可以在界面的左上角"纸张类型/大小"里面设置纸张大小,一般可选A4,根据布局的需要,调整纸张的横竖方向。

2.常用工具

（1）挑选工具（快捷键：空格键）

◎物体的变形：选择一个物体时，可对物体进行属性的设置，也可通过对四周出现的控制点拖动来对物体进行变形操作。

◎物体的移动旋转：当鼠标处于对象内部出现移动标识，可以移动对象。双击对象，四周出现旋转标识，可拖动控制点进行旋转，也可以在属性栏输入角度精确旋转。

◎复制：在出现移动标识的情况下，拖动对象，保持按住左键不放，同时按住Ctrl键，点击右键，即可复制一个对象。也可用组合键Ctrl+C进行复制，Ctrl+V进行粘贴。

◎对称复制：在出现移动标识的情况下，拖动左边缘中间的控制点到右边，保持左键不放，同时点击右键，即可镜像对称复制一个对象。同样的办法可以从右到左、从上到下、从下到上地进行对称复制。

◎色彩变更：在保证对象被选中的情况下，左键点击窗口右边的色板，可以填充色彩；右键点击窗口右边的色板，可以改变线条的颜色。

（2）形状工具（快捷键：F10）

通过对节点的操作，可以对一个曲线图形进行精细调整。右键会弹出快捷菜单，可以进行增加节点、减少节点、连接两个节点、断开曲线、曲线变直线、直线变曲线、节点属性设置、节点连接方式等选项的设置。

（3）缩放工具（快捷键：Z）

左键点击或拖动可放大画面；右键点击可缩小画面。

（4）曲线组合工具

常用的有手绘工具、贝塞尔工具、钢笔工具，主要用于绘制创建图形。在不同的地方单击可创建直线，拖动鼠标可以创建曲线。

（5）橡皮擦工具（快捷键：X）

用于擦除不需要的线条。

（6）文本工具（快捷键：F8）

用于输入文字。

（7）标尺工具

拖动窗口边的标尺到画面中，可以形成辅助线，帮助确定比例、定位等；双击标尺可以弹出一些设置选项。

（8）属性工具栏

当选择一个对象或一个工具的时候，在工作窗口的上面会出现一个属性栏，可以对物体及工具进行设置。

二、Photoshop的基础知识

Adobe Photoshop是公认最好的通用平面美术设计软件，由Adobe公司开发设计，用于处理位图。其用户界面简洁易懂，功能完善，性能稳定，几乎在所有的广告、出版、软件公司里，

Photoshop都是首选的平面工具（图2-2）。本书只针对服装款式图后期处理相关的知识及工具进行介绍。

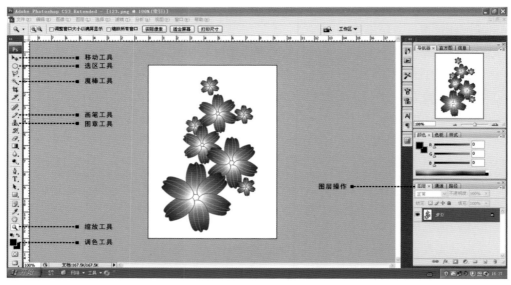

图2-2

1.页面设置

通过文件—新建命令，弹出一个关于页面的设置对话框，可以设置宽度、高度、分辨率、颜色模式、背景颜色等。服装款式图的绘制可以从预设里选择国际标准纸张A4，分辨率可以设为300，颜色模式设为RGB，背景可设为白色。

2.常用工具

（1）移动工具（快捷键：V）

可以对选中图层的对象进行移动处理。

（2）魔术棒、快速选择工具（快捷键：W）

在需要选取的区域进行单击，即可选取，按住Shift键可以进行连续选取。

（3）画笔工具（快捷键：B）

在画布上拖动鼠标就可以使用前景色任意绘制出边缘柔和的线条。画笔工具的属性栏可以设置画笔的形态、大小、不透明度以及绘画模式等特性。画笔的大小可以用键盘上的左、右中括号键来改变。

（4）仿制图章工具（快捷键：S）

按住Alt键，再用鼠标在要复制的区域单击取样。取样完成后松开Alt键，然后在另一个要复制的地方用鼠标进行涂抹，就可以仿制了。

（5）缩放工具（快捷键：Z）

点击左键放大画面；按住Alt键再点击左键缩小画面。

计算机中显示的图形一般可以分为两大类:位图、矢量图。

位图也称为点阵图像,是由称作像素的单个点组成的。当放大位图时,可以看见构成整个图像的无数单个方块,平时拍的照片就是位图,它是由一个个像素点组成,放大后就模糊,最终是马赛克状的像素点。代表软件为Photoshop。

矢量图只能靠软件生成,文件占用内在空间较小,它的特点是放大后图像不会失真,不会模糊和形成马赛克,和分辨率无关,缺点是难以表现色彩层次丰富的逼真图像效果,适用于图形设计、文字设计和一些标志设计、版式设计等。代表软件为CorelDRAW。

三、手绘服装款式图的基本工具及材料

1.基本工具

(1) 绘图用具

绘图铅笔、自动铅笔、针管笔、签字笔、彩色水笔、马克笔。绘图铅笔、自动铅笔、针管笔、签字笔等是画设计初稿时运用最普遍的工具。彩色水笔、马克笔、毛笔等主要用于描绘、着色。

(2) 绘图仪器

绘图仪器,宜选择正确、精密、优质产品,以误差小为好。常用的有直尺、曲线尺、三角板等。

(3) 其他用具

调色用具:调色盘、碟、笔洗。

2.应用材料

随着工业设计专业和科技的迅速发展,设计材料日新月异,品种繁多,设计工作者只要留意材料的信息,适时恰当地选择材料,运用到设计当中去,可取得事半功倍的效果。

(1) 颜料

水彩颜料、压克力颜料、广告颜料、中国画颜料、荧光颜料、彩色墨水、针笔墨水、染料。

(2) 纸张

设计用的纸特别多且杂,一般市面上的各类纸都可以使用。使用时根据自己的需要而定,但是太薄、太软的纸张不宜使用。一般质地较结实的绘图纸,水彩、水粉画纸,白卡纸(双面卡、单面卡),铜版纸和描图纸等均可使用。市面上有进口的马克笔纸、插画用的冷压纸及热压纸、合成纸、彩色纸板、转印纸、花样转印纸等,都是绘图的理想纸张。

！ 友情提示

每一种纸都需配合工具的特性而呈现不同的质感,如果选材错误,会造成不必要的困扰,降低绘画速度与表现效果。

3.几种材料及画法特点

（1）水彩颜料

水彩颜料是传统的设计图绘画材料，一直用至今日。一般有铅笔淡彩、钢笔淡彩两种形式。水彩可加强产品的透明度，特别是用在玻璃、金属、反光面等透明物体的质感上，透明和反光的物体表面很适合用水彩表现。着色的时候由浅入深，尽可能避免叠笔，要一气呵成。在涂褐色或墨绿色时，应尽量小心，不要弄污画面。

（2）广告颜料

广告颜料具有相当的浓度，遮盖力强，适合较厚的着色方法。用广告颜料作画时，笔触可以重叠。在强调大面积设计，或想要强调原色的强度，或转折面较多的情况下，用广告色来画最合适。广告色不要调得过浓或过稀，过浓时带有黏性，难以把笔拖开，颜色层也显得过于干枯以至于开裂；过稀会有损于画面的美感。

（3）彩铅

◎彩铅：大多数是蜡基质的，色彩丰富，表现效果特别。

◎水溶彩铅：多为碳基质，具有水溶性，但是水溶性的彩铅很难形成平润的色层，容易形成色斑，类似水彩画，比较适合画建筑物和速写。

比较好的彩铅品牌有马可、德国施德楼、英国得韵、德国辉柏嘉、捷克酷喜乐、瑞士卡达等。彩铅画的基本画法为平涂和排线，结合素描的线条来进行塑造。由于彩铅有一定笔触，所以在排线和平涂的时候，要注意线条的方向，要有一定的规律，轻重也要适度。因为蜡质彩铅为半透明材料，所以上色时按先浅色后深色的顺序，否则会深色上翻。

用水彩、水粉、彩色铅笔、马克笔等不同的工具在不同的纸张材料上进行绘画，感受其带来的不同效果。

学习评价

学习要点	我的评分	小组评分	教师评分
CorelDRAW软件的挑选工具、形状工具、曲线工具、缩放工具、擦除工具使用（30分）			
Photoshop软件的页面设置、图层、调色板、选区操作（20分）			
Photoshop软件的移动工具、选区工具、图章工具、缩放工具使用（20分）			
铅笔、勾线笔、水粉水彩颜料、常用纸张的使用（30分）			
总　分			

手 绘 实 践 篇

SHOUHUI SHIJIANPIAN ≫

[综　　述]

手绘实践篇主要从手绘服装款式图的基本技巧入手，分步骤练习
提升绘制技巧，通过领、袖、袋等服装零部件的练习来熟悉服装
的基本构成，同时掌握基本的服装工艺的画法，最后以衣、裙、裤
的基本比例为突破口，完成服装整件款式图的绘制。

[培养目标]

①掌握基本的款式图绘制技巧。

②用款式图准确地表达设计意图。

③培养严谨细致的习惯，培养基本的比例概念。

[学习手段]

通过临摹入手，凭借款式收集提升，通过展示相互学习。

>>>>>>>> 学习任务三
基本绘制技巧

> [学习目标] 掌握各种裥褶的绘制方法及实践应用,掌握款式图中服装工艺的表现方法,掌握服装零部件的绘制方法。
>
> [学习重点] 服装零部件的绘制。
>
> [学习课时] 15课时。

一、各种褶裥的绘制技巧

1.对褶的绘制

①画出裥褶的边缘形状。

②画出外折转边。

③画出内折转边。

用同样的方法可以画出顺褶、倒褶。

注意:仰视与俯视的区别,每个褶的压点、方向、透视的变化。

绘制方法见图3-1。

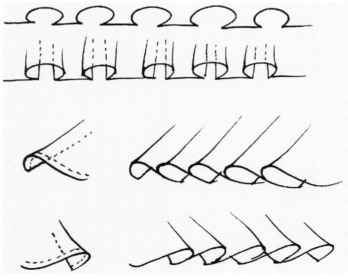

图3-1

2.圆形荷叶边对褶的绘制

①画出整体圆形轮廓。

②在轮廓的基础上画出大小不同的褶,注意透视的变化。

③朝圆的中心点画出褶痕,注意线条粗细变化,面料的正反面要表现出来。

绘制方法见图3-2。

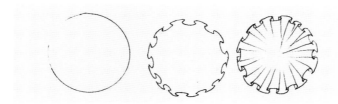

图3-2

3.抽绳褶的绘制

①画出管道,注意留出空隙便于穿插绳带,在管道上画出细褶。

②从空隙处画出绳带,注意绳带的翻折关系。

绘制方法见图3-3。

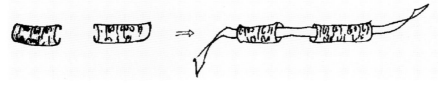

图3-3

4.手帕褶的绘制

①画出大体轮廓。

②在下半部分两边分别画出褶,注意大小变化。

③画出褶痕,绘制下垂的手帕褶时注意每个褶的纵向褶痕线的方向要统一。

④缉明线。

绘制方法见图3-4。

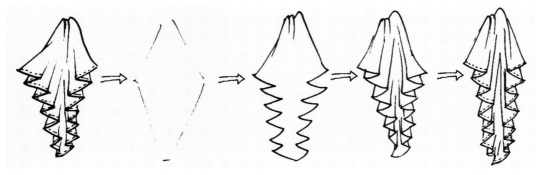

图3-4

5.堆褶的绘制

①先画出单个褶。

②确定褶的高度和方向。

③依次画出下面的褶,注意大小变化,褶痕线的方向要统一。

绘制方法见图3-5。

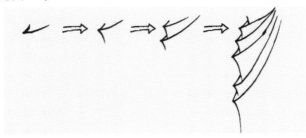

图3-5

6.单边、双边褶的绘制

①画出大体轮廓,下边沿要画出褶的效果,上边沿线线条要有粗细虚实变化。

②画出小细褶、褶痕线。

绘制方法见图3-6。

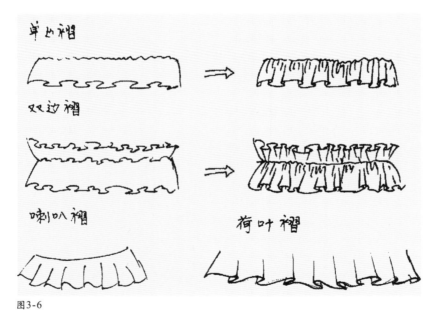

图3-6

7.飘带褶的绘制

①画出褶的大体动态走向,注意波浪曲线的大小、方向变化。

②画出褶的褶痕,注意要和飘带大方向统一,正反面的褶痕都要画出。

③每个褶的大小要有变化,要有飘逸的感觉。

④线条顺畅,灵动。

各种形式的褶的绘制方法见图3-7。

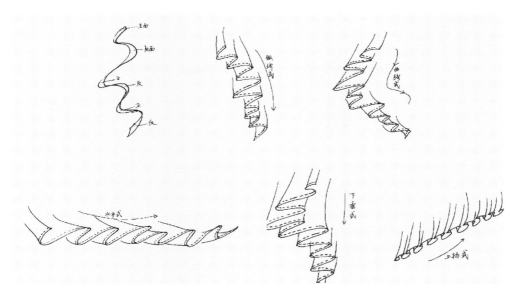

图3-7

8.水平褶、下垂褶的绘制

绘制方法见图3-8。

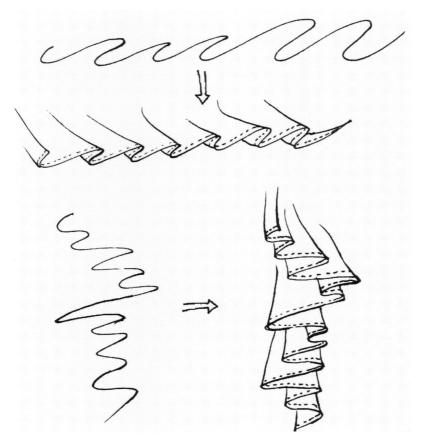

图3-8

9.对称褶的绘制

绘制方法见图3-9。

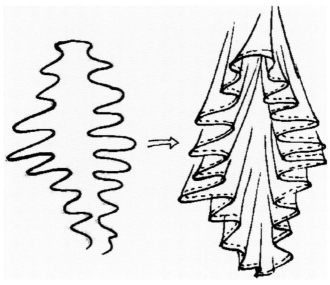

图3-9

10.蝴蝶结的绘制

①先画结,结要画得小而紧,注意留出空隙穿插"翅膀"。

②根据透视(平视、俯视、仰视)需要画出左右的"翅膀",注意留出空隙穿插带子。

③从结的空隙处画出带子,注意翻折关系;再在"翅膀"上画出小细褶,线条要有粗细变化。

绘制方法见图3-10。

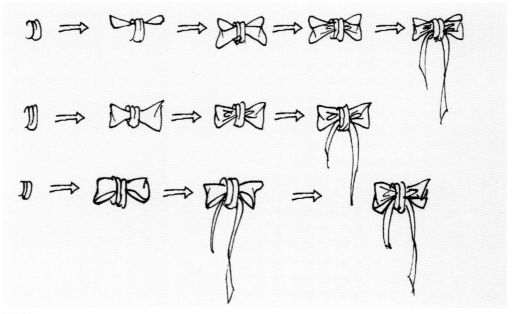

图3-10

二、各种褶的局部运用

褶主要运用在领、衣摆、裙摆等部位,在实际应用中,要精心确定褶的位置、长短、大小、疏密等因素,并与服装的整体风格保持一致,(图3-11、图3-12)。

图3-11

图3-12

日本著名的服装设计师三宅一生一直致力于面料的肌理处理，研究出了很多独特的褶皱效果（图3-13），形成了他自己的设计语言。

图3-13

三、服装款式图零部件绘制

服装的零部件主要包括领、衣袖、衣袋3个部分。

1.领的绘制

衣领是服装中最重要的部分，它是人们的视觉中心，它不仅有防风隔尘保暖散热的实用功能，还有平衡和协调服装整体视觉形象的作用。衣领领型基本有：秃领、立领、趴领、翻驳领、青果领、连衣领等。

（1）秃领的绘制

秃领，也称无领，指只有领口形态而没有领子的一种领型，有一字领、圆领、方领等。秃领多用于夏季服装，如衬衫、内衣、连衣裙、晚礼服等，具有轻松、自然、灵活的特点。在绘制时要注意：领口的变化（宽度、深度、角度及形状的变化）、开口的变化、装饰的变化（滚边、绣花、镂空、拼色、镶花边、加飞边、加条带）等，都要绘制清楚，对称的领绘制时要注意左右对称（图3-14）。

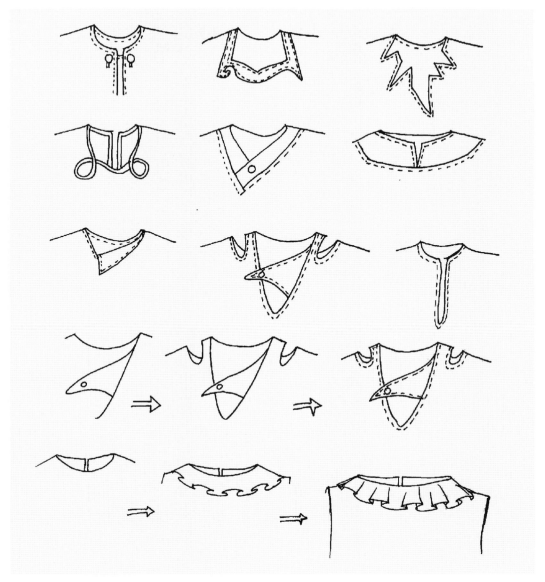

图3-14

（2）立领的绘制

立领，指只有领座，没有领面的一类领型，具有挺拔、严谨庄重的特点。立领多用于秋冬季服装。绘制时要注意：领口变化（宽度和深度）、领座的变化（形状上进行圆形、方形、角形及不规则变化）、开门变化（前开、后开、侧开等；扣合方式有口子、拉链、系带等）、装饰变化（绣花、盘口、滚边、加飞边、加毛边等）（图3-15）。

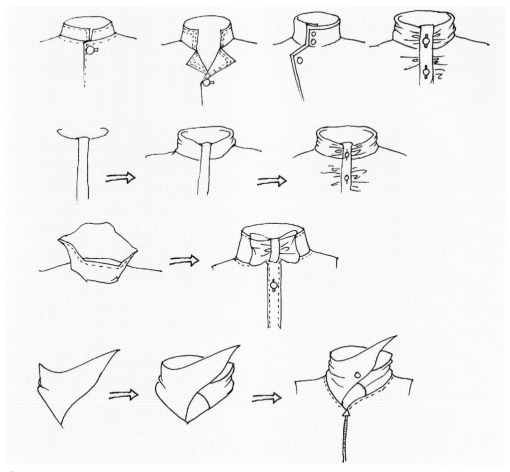

图3-15

（3）趴领（平翻领）的绘制

趴领大多自然服贴在衣身上，多用于春秋女装、童装等。绘制时要注意：领口的宽度、深度、形状和领面的宽窄、方圆和尖角的变化、开门的变化（前开、后开、侧开、旁开）等（图3-16）。

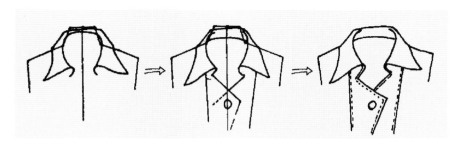

图3-16

（4）立翻领的绘制

立翻领，指带领座的翻领，在绘制时注意画出领座的高度即可（图3-17）。

①画出前领围弧线（中点的确定要高于颈窝点）和后领翻折弧线。画出左右领片（如果是对称领型要画对称）。

②在领围弧线上画出体现领座高度的下领围弧线和后领上领弧线。

友情提示

衬衣门襟距中轴线的距离是2 cm。

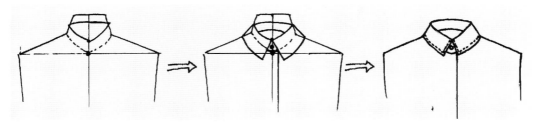

图3-17

③最后添画门襟（男左女右）和纽扣。

（5）翻驳领的绘制

翻驳领，指同时带有领面和驳头的一类领型。领面是指制作衣领时后加的一块面料；驳头是指衣服门襟处翻折部分。翻驳领大多领面和驳头相连，也有少数不相连。此领是一种开放式领型，有通风、透气功能，多用于西装、夹克、风衣、大衣等，具有潇洒、大方、明快的特点。绘制时要注意：领面的变化（加宽、变窄、拉长；圆、方、角、缺口等）、驳头的变化（戗、平、圆三种类型）、开门变化（单排、双排、开领深浅变化）。

（6）平驳领的绘制

①参考前中线画出翻折线。翻折线相交于前中线，再画驳领，门襟的叠门超过前中线（距中轴线约0.3 cm），底襟也要对称地画。

②围绕脖子画出翻领，注意后领高度，底襟和门襟相交部分被覆盖，纽扣要钉在中线上。

③擦除辅助线，保留轮廓线，完成领子绘制。

绘制方法见图3-18。

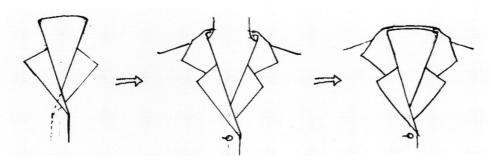

图3-18

（7）其他翻驳领的绘制

绘制方法见图3-19。

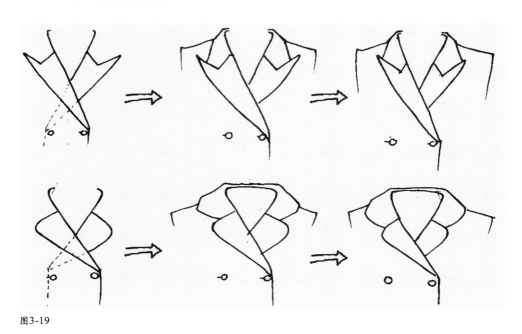

图3-19

(8) 青果领的绘制

青果领，指只有驳头，并把驳头相互连接取代领面的一类领型。它的外观和翻驳领相似，但前面没有接缝，只有一个接缝在衣领后中间。青果领属于开放领型，多用于女装的外衣、大衣、风衣等，具有端庄、秀丽、女性特征明显的特征。绘制时要注意：领型变化、领边变化（直线、内弧线、外弧线、锯齿形线等）、装饰变化（牙儿、飞边、辑丝带、绣花、滚边、嵌条等）（图3-20）。

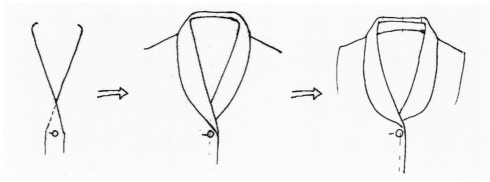

图3-20

(9) 连衣领的绘制

连衣领，指衣领和衣身连带裁剪而成，领口又较高的一类领型。它的外观和立领相似，但没有横线接缝，常使用纵向的省缝或开口辅助造型。它也属于封闭式领型，多用于上衣、外套、大衣等，具有含蓄、典雅、利落的特点。绘制时要注意：领口变化（可以横向和纵向方向发展）、领型变化（平坦、堆褶、翻折、前平后立等）、省缝变化（图3-21）。

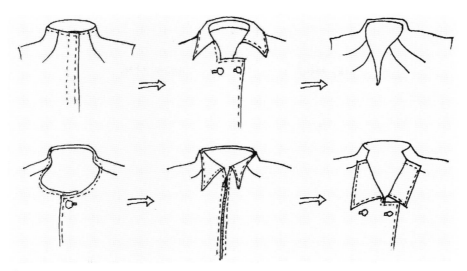

图3-21

(10) 带帽子领的绘制

绘制时里外层次的翻折要表现清楚：先画前领围弧线和后领的翻折弧线，画出翻折后的里外层次，缉明线，画拉链或绳带（图3-22）。

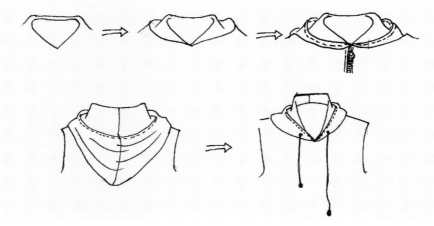

图3-22

2.袖的绘制

衣袖以直筒状为基本造型，是服装的重要组成部分，有肩袖、圆袖、平袖、连身袖、插肩袖、蓬蓬袖等。

（1）肩袖的绘制

肩袖，也称无袖，指没有具体的袖子，仅使袖窿形态发生变化或在袖窿处附加装饰的一类袖型，多用于内衣、马甲、连衣裙。绘制时要注意：形态变化（上移、下降、向外扩张、翻折状）、附加装饰变化（加飞条、毛皮等）（图3-23）。

各种肩袖造型（图3-24）。

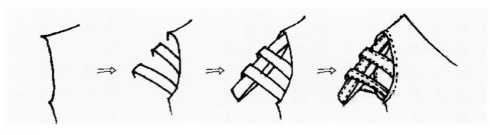

图3-23

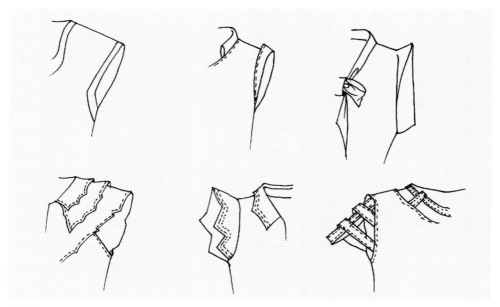

图3-24

（2）圆袖的绘制

圆袖，指按照人体臂膀形状构成的外观圆润的一类袖型。它大多需要借助肩垫的支撑，使袖型变得端庄、挺拔，多用于西服、制服、上衣、大衣等。圆袖的造型较稳定，袖型变化相对较小。绘制时要注意：长短变化（长、中、短袖）、装饰变化、开衩变化（真衩、假衩、前后、内外的位置不同，开衩的长短不同）；袖窿弧线要从肩端点的位置开始画（图3-25）。

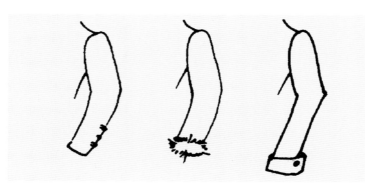

图3-25

（3）平袖的绘制

平袖，也称衬衫袖，指袖窿开得较大，袖型平坦、松散的一类袖型。平袖的大小多少与袖窿的尺寸完全相符，袖型倾斜度小，大约在45°。平袖以一片袖为主，也可以在上面增加装饰缝，但肘部一定要收省，袖口多有袖头。平袖多用于衬衫、夹克、大衣等，具有宽松、舒展、自然的特征。绘制时要注意：袖窿弧线要在肩端点往下的位置开始画，注意袖窿变化、分割变化（以袖中缝为主进行多种形式的竖线、横线斜线、曲线分割）、袖口变化（收紧的方式；增加袖头、加罗纹口、穿松紧带、系带、系口、附加袢带、拉链、加放褶裥等）（图3-26）。

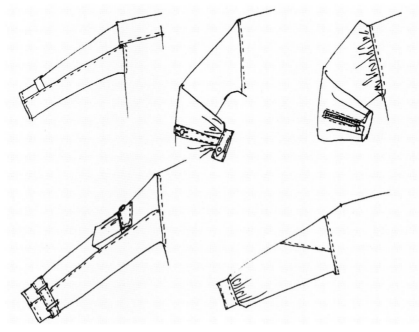

图3-26

（4）连衣袖的绘制

连衣袖，指袖子与衣身相连，中间没有袖窿线的一类袖型。它是中国传统服装基本的袖型，带有很强的东方文化色彩。它多用于旗袍、连衣裙、罩衣等中式服装或民族服装，具有淳朴、自然舒适的特点。绘制时要注意：袖子肥瘦的变化（加宽袖根、袖口、袖中）、长短变化（有短、中、七分、长袖）、分割变化（图3-27）。

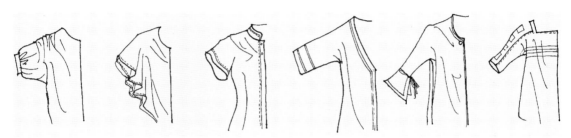

图3-27

（5）插肩袖的绘制

插肩袖，指在袖子的上端插入肩部并与衣身斜向相连的一类袖型。它多由两片袖组成，袖中缝是一条重要的结构缝，多用于大衣、风衣、外套、运动装等，具有圆润、流畅、大方的特点。绘制时注意：插肩角度的变化（可以插在肩缝上、领口上、下端、门襟处）、前后结构变化（可以前上肩后插肩，也可以后上肩前插肩）（图3-28）。

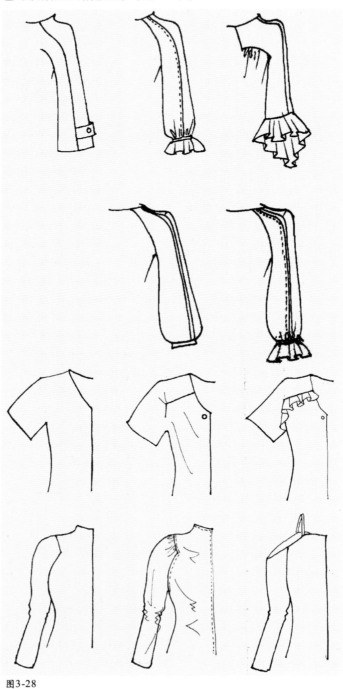

图3-28

（6）蓬蓬袖的绘制

蓬蓬袖，指在袖山处利用若干个褶使袖子上端膨胀起来的一类袖型。它需要袖山处要有足够的余量，这些余量既来自袖片向四周的扩散，也来自横向或纵向接缝中的增加。同时，把袖子下端或袖口收紧也是造型的关键。它多用于同童装、连衣裙、晚礼服、结婚服等，具有纯情、雅致、轻松的特点。在绘制时要注意：褶的变化（有规律的、无规律的、等距离排列、大小间隔排列、集中两侧排列）、袖口变化（加袖头的有宽窄之分；不加袖头的有平齐、倾斜、里短外长、开衩）（图3-29）。

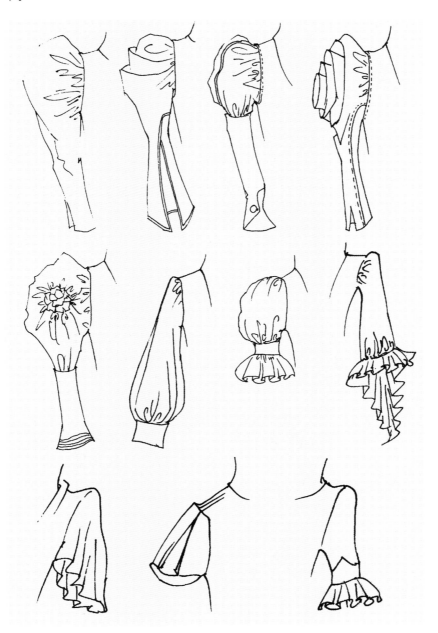

图3-29

（7）各种袖型变化

各种袖型变化见图3-30。

图3-30

3.衣袋的绘制

衣袋是服装造型的重要部件，具有实用和装饰功能。衣袋有贴袋、挖袋、插袋三种类型。

(1) 贴袋的绘制

贴袋，又称明袋，指衣袋附贴在服装表面的一类衣袋，分为有袋盖和无袋盖，有平袋、立体袋、半立体袋。贴袋多用于中山装、牛仔装、猎装、工装、童装或时装，具有大方、活泼、简便的特点。绘制时要注意：袋形的变化（具象、抽象）、袋口的变化、装饰的变化即可（图3-31）。

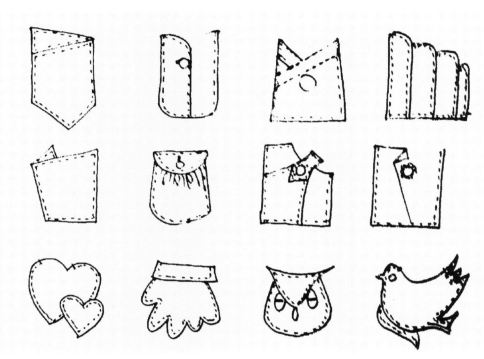

图3-31

(2) 挖袋的绘制

挖袋，也称暗袋，指把衣袋放在衣片里面，在衣片上挖出袋口的一类衣袋。袋口分为加盖、板条型、双牙型，多用于制服、套装、大衣、裤子等，具有严谨、庄重、含蓄的特点。绘制时要注意：袋盖变化、袋口变化（板条型、双牙型）（图3-32）。

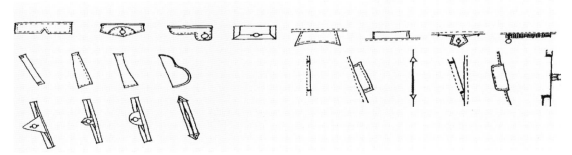

图3-32

(3) 插袋的绘制

插袋，又称借缝袋，指把衣袋放在衣片里，在衣缝中留出袋口的一类袋形。它多为暗袋形式，袋口需要根据衣缝的位置进行设置（侧缝、公主缝、分隔缝）。插袋的袋口分为加盖型、板条型、开口型三种。绘制时注意袋盖、袋口、封节处的变化。

各种口袋（图3-33）。

试一试

从日常生活周边、网络媒体、服装杂志等多种渠道收集一些领型、袖型、袋型，形成自己的资料库。

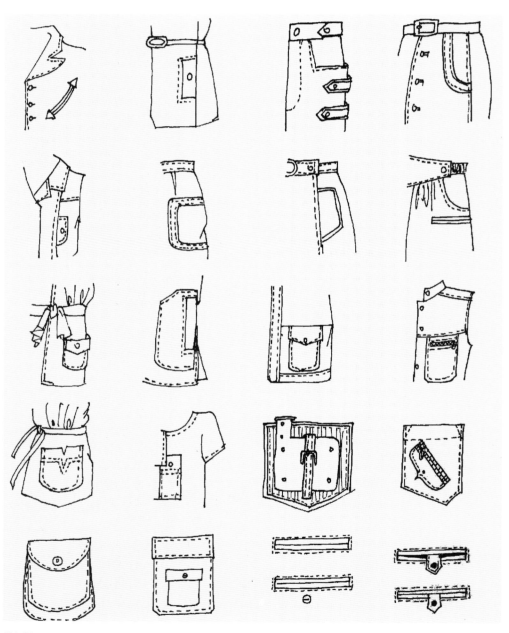

图3-33

四、服装工艺的绘制

1.边沿处理的绘制

边沿处理是缝制服装不可缺少的工序，用不同的工艺处理边沿，不仅能得到不同的外观效果，还能对服装的整体风格有较大影响。边沿处理分为折边、包边、嵌边、贴边、荷叶边、穗饰（图 3-34）。

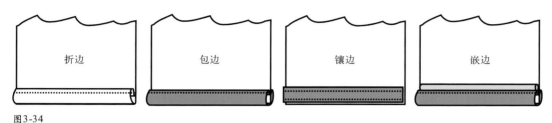

折边　　　　　包边　　　　　镶边　　　　　嵌边

图3-34

2.绳结与扣件的绘制

绳结和扣件在服装中都有束系和装饰的作用，也是服装设计常用的元素，绘制好这些元素能有效地丰富设计语言。

（1）绳结、扣件的绘制

画好绳结的关键是要处理好带状的绳子或布条与圆形的结头之间的穿插关系，绳子或布带都是靠结头束紧的，不要把被结头束住的绳子画到结头外面去了。柔软的布条与绳子在打结时还会发生翻转扭曲现象，正确地表现这些扭曲会使绳结显得生动、自然（图3-35）。

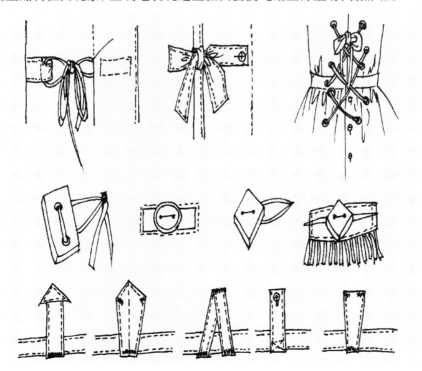

图3-35

（2）结绳和扣件的运用

绘制方法见图3-36。

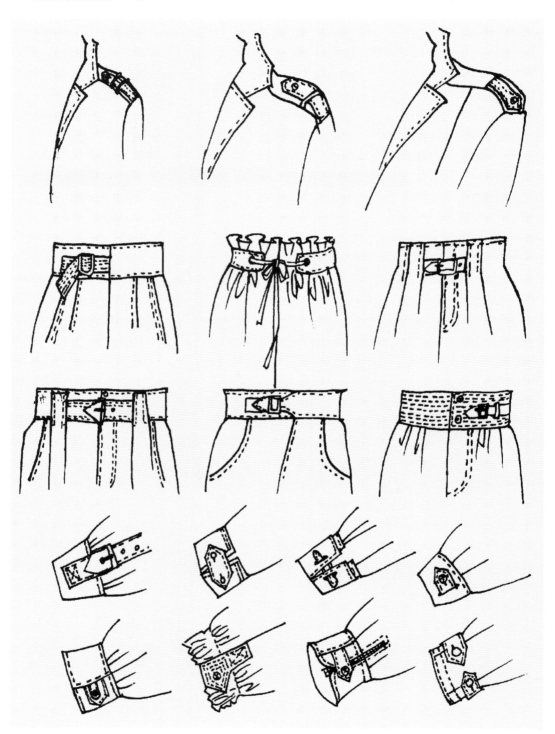

图3-36

（3）腰部抽绳、肩袢的绘制

绘制方法见图3-37。

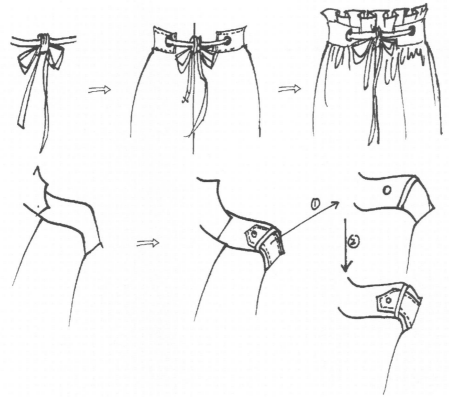

图3-37

·○○○· **知识链接**

中国传统的服饰中，绳结、扣件、缝边处理等大量独特的传统工艺（图3-38），形成了鲜明的中国民族风格，在世界服装史中占有重要的位置。

图3-38

练一练

在资料收集积累的基础上，尝试设计出新的领型、袖型、袋型。

学习评价

学习要点	我的评分	小组评分	教师评分
能绘制出各种褶的效果（20分）			
各类领、袖、衣袋的绘制（50分）			
不同缝制工艺绘制表现（20分）			
画图整洁，比例恰当（10分）			
总　　分			

服装款式整体绘制

一、上衣的绘制

1.上衣的比例

上衣的比例见图4-1。

2.绘制步骤

①画上衣大身部位的外轮廓。

②画局部。画局部一般顺序:领、门襟、下摆、袖。一般领口的宽度约占肩宽的1/3,注意处理好领面与领口和领面与肩线之间的关系,要画出立体感和结构。画门襟时注意里外的层次和扣子的位置。画下摆时注意造型及前后长短的变化。画袖子一般画成垂放的状态,如果画特殊的袖子,应该把袖子打开画,以便充分地刻画非规则的结构特征。

③画细节。上衣中一些特殊的缝合方式、连接方式、装饰方式,腰带及装饰图案等细节对服装的外观和风格都有重要的意义,且缝制工艺比较复杂,刻画时不仅要把握在上衣中的位置比例,还应清楚交待它们的缝制特点,可以用"特写"的形式将其放大绘制。

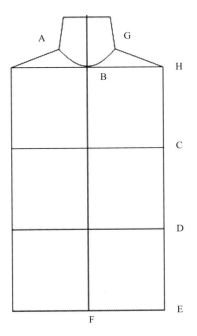

图4-1

A—颈根围线;B—颈窝点;C—胸线;D—腰线;
E—臀围线;F—中线;G—肩斜线;H—肩线

3.衬衣的绘制步骤

绘制方法见图4-2。

4.西服的绘制

绘制方法见图4-3、图4-4。

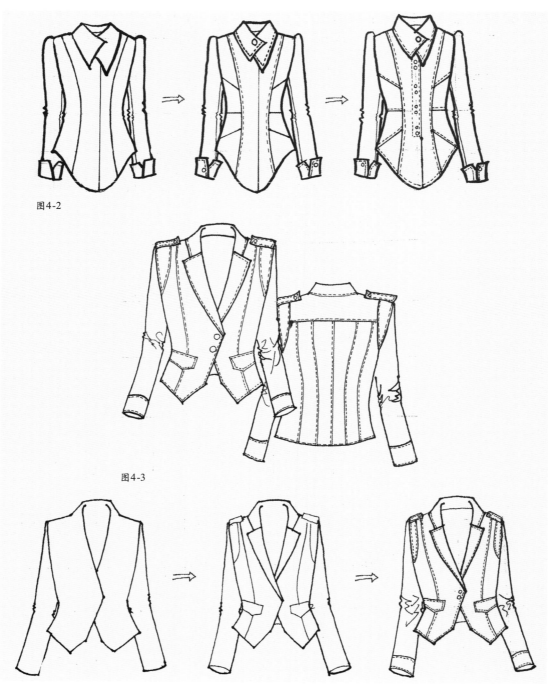

图4-2

图4-3

图4-4

5. 夹克的绘制

绘制方法见图4-5、图4-6。

6. 马甲的绘制

绘制方法见图4-7。

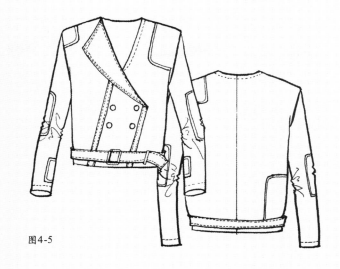

图4-5

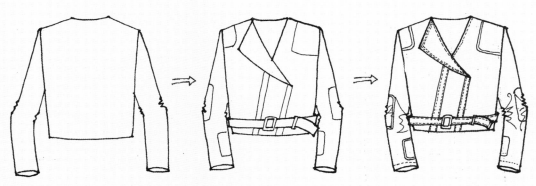

图4-6

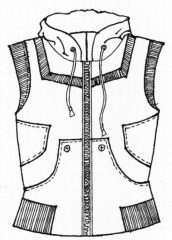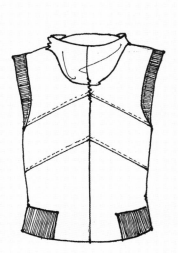

图4-7

7.针织毛衫的绘制

绘制方法见图4-8、图4-9。

8.休闲衬衣的绘制

绘制方法见图4-10、图4-11。

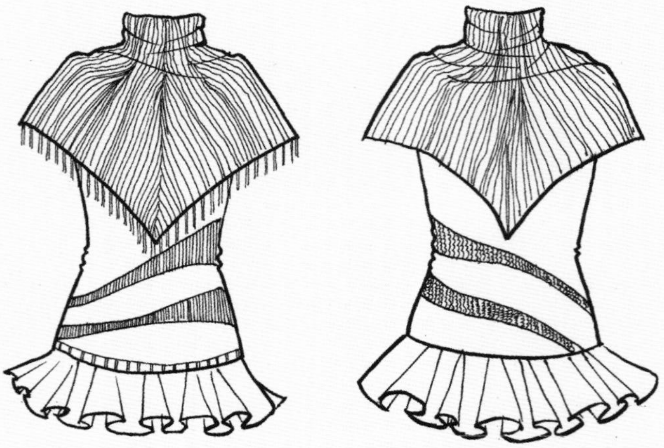

图4-8

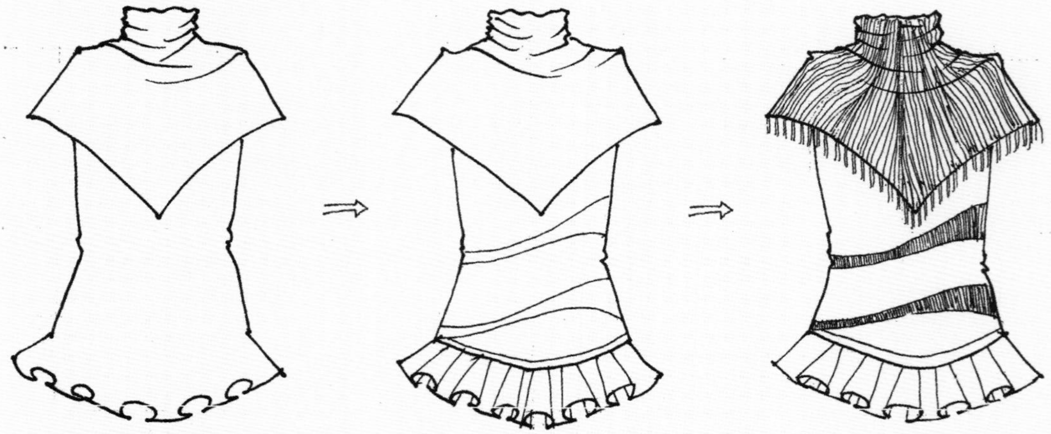

图4-9

图4-10

图4-11

二、裙子的绘制

1.裙长的比例

裙长的比例见图4-12。

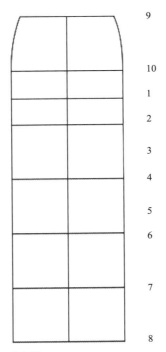

图4-12

1—超短裙；2—短裙；3—露膝裙；4—及膝裙；5—过膝裙；
6—中长裙；7—长裙；8—超长裙；9—腰线；10—臀围线

2.半裙变化款的绘制

①根据比例画出外轮廓。

②画出半裙的长度和前后片、腰。

③添画内部结构和细节。

④勾线。

绘制方法见图4-13。

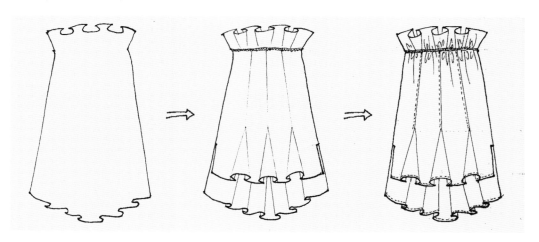

图4-13

3.连衣裙的绘制

绘制方法见图4-14、图4-15。

图4-14

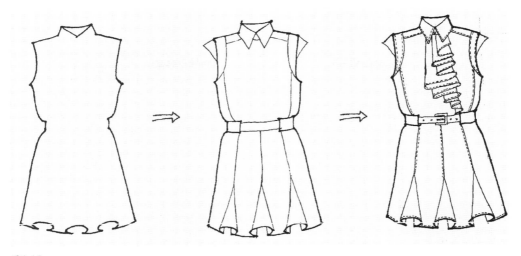

图4-15

三、裤子的绘制

①按比例画出裤子的大轮廓外形。

②画腰部造型设计、裤型、袋等。

③画结构和细节：缝制工艺的表现、内部分割线、扣件等。

绘制方法见图4-16。

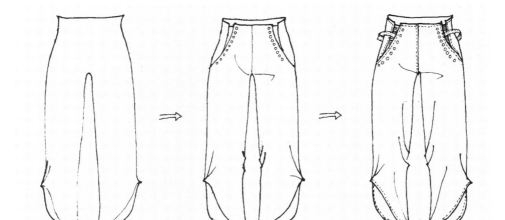

图4-16

四、根据图片绘制款式图

1.方法步骤

①观察分析图片，确定款式的廓型、长短比例，用铅笔画出大的轮廓和各部分比例。

②画局部，领、门襟、下摆、袖子。

③细节刻画。有特殊工艺的地方要细致地画出来，可以采取"特写"的方式来表现。

④勾线（注意外轮廓的线、结构线、装饰线要有粗细变化），擦干净铅笔线。

⑤选用合适的工具和技法着色（平涂或明暗着色）。

2.实际操作

①根据图片确定上衣、裙子的廓形、长度、内部结构。

②添画细节，要表现出缝制工艺，局部可以放大来"特写"。

③勾线，擦干净铅笔印。

绘制方法见图4-17、图4-18。

友情提示

　　处于着装状态下所产生的衣褶线可以不用画出来，以免影响结构线和分割线的表现。

图4-17

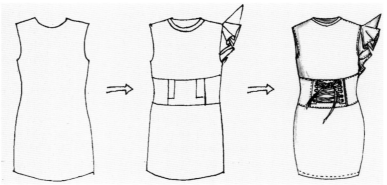

图4-18

练一练

　　从互联网、服装杂志上找到自己喜欢的服装图片，把它用款式图的方式表现出来。

　　观察面料的不同肌理，尝试用线条的方式把它表现出来。

学习评价

学习要点	我的评分	小组评分	教师评分
临摹绘制五款裙（20分）			
临摹绘制五款裤子（20分）			
临摹绘制五款上衣（30分）			
收集整理出五款服装（30分）			
总　分			

电脑绘制实践篇

DIANNAO HUIZHI SHIJIANPIAN 》》

[综　　述]

通过在软件上进行裥褶、抽褶、缉线、绳带的基本绘制技巧的学习，进一步掌握Photoshop、CorelDRAW软件的操作，从而能够完成领、袖、服装辅件等基本部件的绘制，在此基础上完成裙、裤、上装的整件绘制。同时学习利用软件进行面料、图案的处理，并对款式图进行完善和美化。

[培养目标]

利用软件绘制正确的款式图，利用软件进行面料、图案的处理。

[学习手段]

①实例讲解、示范辅导、观察总结、实践运用。

②利用网络收集资料，积累款式。

③根据步骤临摹和设计实践进行一定的创造。

>>>>>>> 学习任务五
基本绘制技巧

[学习目标] ①掌握裥褶、抽褶、缉线、绳带的画法。

②培养耐心细致的学习习惯。

[学习重点] 裥褶、抽褶的画法。

[学习课时] 4课时。

一、褶裥的画法

褶裥是服装中常用的一种处理手法，掌握褶裥的画法，可以拓展出许多近似的画法，用在服装的不同部位。运行CorelDRAW软件，设置页面为A4。一般轮廓线、重要结构线可设置钢笔工具线宽为0.7 mm，衣纹线、缉线等可设置为0.5 mm。

①用钢笔工具画出纵向的三条褶裥的折转边缘线（图5-1）。

②用钢笔工具画出褶裥底部的圆弧线，注意在图上1、2处拖动鼠标，形成弧线。在2处画出下面的一条折转边缘（图5-2）。

图5-1

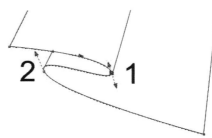

图5-2

③用形状工具调整到理想位置，完成后如图5-3，这是一个基本的褶裥单元，可以在此基础上重复出更多的褶裥，变化出更多的造型。

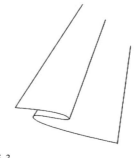

图5-3

二、抽褶的画法

抽褶是服装中常用的一种设计处理形式，可以形成新的面料肌理，改变面料的平面形态，达到特定的设计效果。

①用钢笔工具画出衣片的基本形状，并用形状工具调整到理想形状（图5-4）。

②选取艺术笔工具，在属性栏出现的艺术笔预设中调整宽度为0.7 mm，笔触列表选择一个从大到小的形状，在需要抽褶的位置用平滑的手法画出抽褶，注意长短、方向、疏密的变化，并用形状工具调整到所需要的形状和位置，填充合适的颜色（图5-5）。

③抽褶效果的关键是使用线条的形状、粗细、长短、疏密、方向的变化来绘制，完成效果如图5-6。

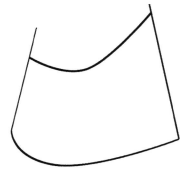

图5-4

三、缉线的画法

①用钢笔工具画出衣片的基本形状，用形状工具调整到理想状态（图5-7）。

②复制中间需要表现明缉线的分割线，放置到明线的位置（图5-8）。

③选中复制的线条，在属性栏里面，选择合适的虚线，设置线宽0.5 mm，并用形状工具调整到合适的形状（图5-9）。

图5-5

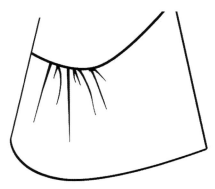

图5-6

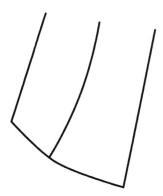

图5-7

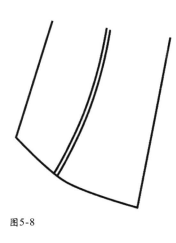

图5-8

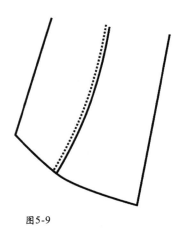

图5-9

四、绳带的画法

①用手绘工具画出绳带的基本结构及走向（图5-10）。

②设置线宽为4 mm，把轮廓转换为对象，快捷键Ctrl+Shift+Q（图5-11）。

③填充其他颜色，重新设置线宽为0.5 mm（图5-12）。

④根据绳子的穿插关系，补齐线条（图5-13）。

⑤最后效果如图5-14。

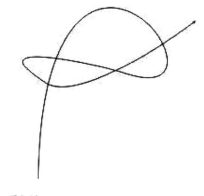

图5-10

图5-11

图5-12

图5-13

图5-14

练一练

　　找一些自己喜欢的标志、纹样,在CorelDRAW软件里面进行绘制。

学习评价

学习要点	我的评分	小组评分	教师评分
裥褶的画法(25分)			
抽褶的画法(25分)			
缉线的画法(20分)			
绳带的画法(30分)			
总　分			

学习任务六
服装的局部绘制

[学习目标]　掌握领、袖、服装辅件的画法,培养基本的比例概念。

[学习重点]　领的画法。

[学习课时]　10课时。

一、领

1.领的概述

领子的设计千变万化,造型极为丰富,既有外观上的形式差别,又有内部结构的不同。根据领子的结构特征,一般可以分为四大类:立领、翻驳领、翻领和无领;根据领的款式特征,还可以把领分为方领、圆领、尖领等。

2.基本立领的绘制

①把工作区边上的标尺拖入,设置款式的基本比例辅助线,长度方面设置三个长度单位,宽度方面设置两个长度单位,并把整体比例收窄,稍微修长一些(图6-1)。

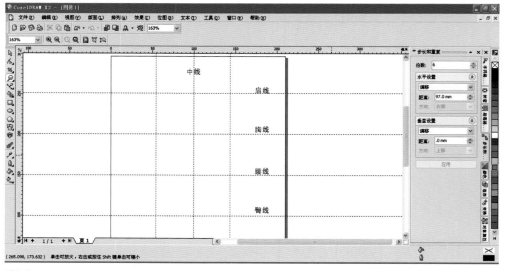

图6-1

②根据领的位置，用贝塞尔工具，在页面上画出领，并结合使用形状工具调整节点及控制柄，达到需要的形状（图6-2至图6-6）。

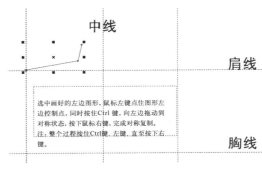

中线

肩线

胸线

选中画好的左边图形，鼠标左键点住图形左边控制点，同时按住Ctrl键，向左边拖动到对称状态，按下鼠标右键，完成对称复制。
注：整个过程按住Ctrl键、左键，直至按下右键。

图6-2

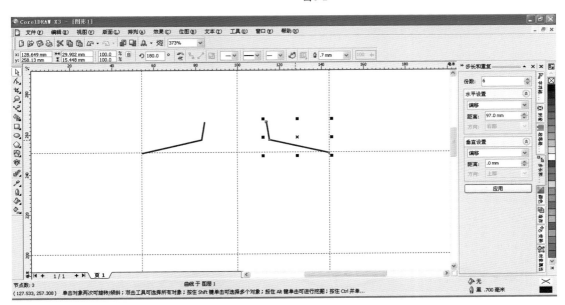

图6-3

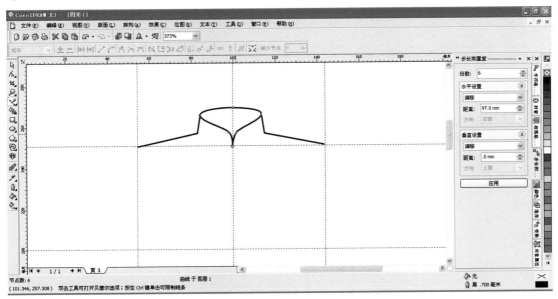

图6-4

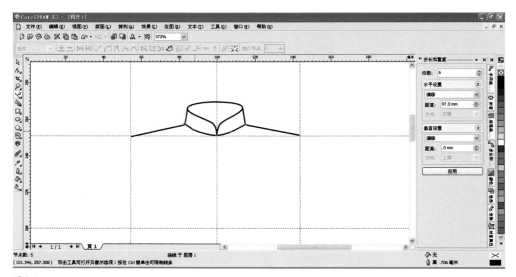

图6-5

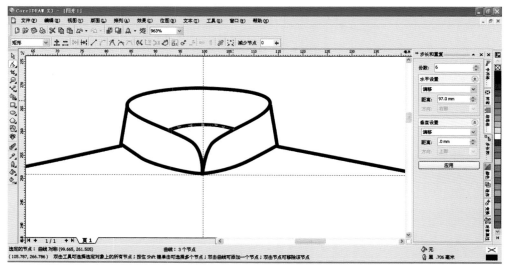

图6-6

3.基本翻驳领的绘制

①用贝塞尔工具画出半边翻驳领的翻折线,并用形状工具调整完善造型(图6-7)。

图6-7

②用贝塞尔工具画出领及驳头部分，并用形状工具调整完善造型（图6-8）。

图6-8

③选中已经绘制的部分，按住Ctrl键，拖动左边的控制点到右边，对称复制到另一边，再按住Ctrl键平行移动到合理位置（图6-9）。

图6-9

④选中重叠交叉的部分，用橡皮擦工具（快捷键：X）擦去不需要的部分（图6-10）。

图6-10

⑤添加其他部分,完善翻驳领造型(图6-11)。

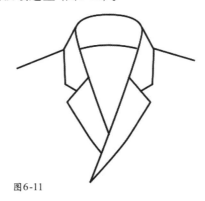

图6-11

 试一试

　　用形状工具选中一个对象后,在节点上点击右键,改变成曲线状态,再点击右键,会有选项尖突、平滑、对称三个属性,不同的属性在移动控制点的时候,曲线状态会有所不同。试一试,掌握操作方法。

二、口袋

1.口袋的概述

　　根据口袋的结构特征,可以分为三大类:第一类是贴袋,直接贴缝在衣片的表面,也称明袋;第二类是挖袋,也称暗袋、开袋,袋口挖在衣片上,袋在衣片的里面;第三类是缝内袋,袋口在衣片的缝合线中,袋在衣片里面。

2.袋的基本画法

①用矩形工具画出一个袋盖的基本形状,点击右键菜单,选择转换为曲线(图6-12)。

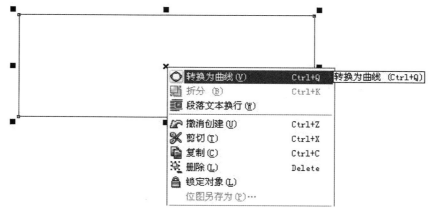

图6-12

②用形状工具(快捷键:F10)添加一个节点,并移动到需要位置,调整线宽为0.7 mm,形成袋盖(图6-13)。

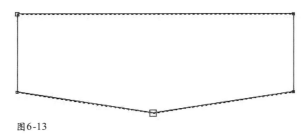

图6-13

③制作明缉线：复制一个袋盖，用形状工具（快捷键：F10）调整到合适位置，修改线型为虚线，线宽为0.5mm。在合适位置用矩形工具画出扣眼，并在中间加一竖线，画一个圆形作为纽扣（图6-14）。

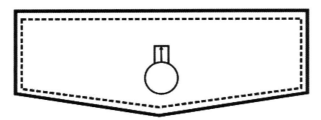

图6-14

④用同样的办法绘制袋身部分，放置到袋盖的下一层（图6-15）。

图6-15

三、袖子

1.袖的概述

根据袖与衣片的结构关系，可以分为无袖、装袖、插肩袖、连袖四类；还可以根据款式、长短来分类。

2.袖的基本画法

①用贝塞尔工具画出衣片基本形状，再画出袖子的基本外形，用形状工具（快捷键：F10）调整造型到理想形状（图6-16）。

图6-16

②选中下衣角部分，用橡皮工具（快捷键：X）擦除不需要的部分，用艺术笔工具结合形状工具在袖弯处加褶皱，添加其他需要的线条，完成袖子（图6-17）。

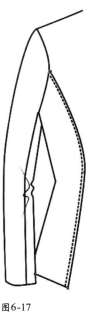

图6-17

3.造型袖的画法

①用手绘工具（快捷键：F5）画出荷叶边的边缘造型，注意疏密、大小的变化，用形状工具（快捷键：F10）加以调整到需要的位置（图6-18）。

图6-18

②用艺术笔工具画出褶裥,注意长短、方向的变化,注意与荷叶边缘的接合,填充黑色。用形状工具(快捷键:F10)调整褶裥的形状。在荷叶边缘的另一边补齐褶裥的边缘(红色线条部分),注意线条方向与褶裥方向的吻合(图6-19)。

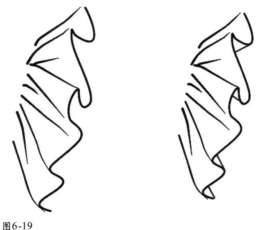

图6-19

③加入更多的荷叶边以及皱褶,增加层次感(图6-20)。

图6-20

四、辅件

1.基本纽扣的画法

①画出一个圆形，渐变填充颜色，填充类型选择射线，把中心点移至左上角（图6-21）。

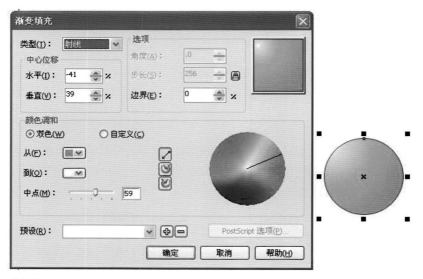

图6-21

②在里面再画一个圆形，渐变填充颜色，填充类型选择射线，把中心点移至右下角（图6-22）。

图6-22

③在里面再画两个小圆形，用交互式立体化工具，拖动出立体效果，并在属性栏—照明里选择合适的照明方式（图6-23）。

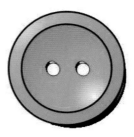

图6-23

④利用类似的方法，可以制作其他纽扣（图6-24）。

图6-24

2.基本拉链的画法

拉链是常见的一种服饰配件，通过对拉链绘制的练习，逐步掌握金属物件的绘制方法，并在金属扣件、金属挂饰等方面加以应用。

（1）绘制拉链头

①画出一个矩形，点击右键弹出菜单，选择"转换为曲线"，用形状工具（快捷键：F10）右击，弹出菜单选择"到曲线"，然后通过添加节点，移动节点来形成下面的形状（图6-25）。

图6-25

②用渐变填充工具进行填充，设置见图6-26。

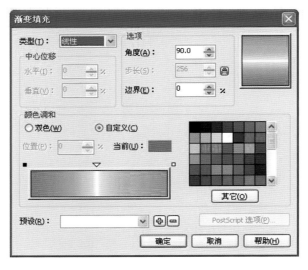

图6-26

③再画出一个矩形，用相同的填充方法填充（图6-27）。

图6-27

④画出两个大小合适的矩形，用形状工具调整外面的矩形四角的控制点，成圆角形状，再同时选中大小两个矩形，执行菜单—排列—造形—修剪，得到一个物体（图6-28）。

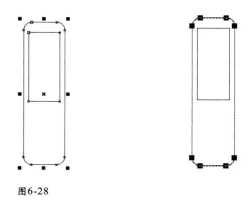

图6-28

⑤用前面的方法进行渐变填充，并调整相互间的前后顺序（图6-29）。

图6-29

⑥用交互式立体化工具，进行立体化处理（图6-30）。

图6-30

（2）绘制拉链齿

①画出一个矩形和一个圆形，调整到如图6-31的位置。

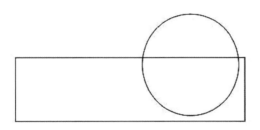

图6-31

②全部选择，菜单—排列—造型—焊接。使用渐变填充，类型选择射线，适当移动高光点位置，调整中心值（图6-32）。

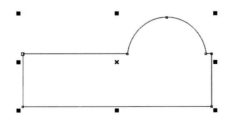 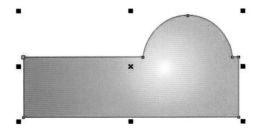

图6-32

③画出一条曲线作为拉链齿复制的路径，在曲线的首尾各放置一个拉链齿（图6-33）。

图6-33

④在第一个拉链齿被选中的情况下，用交互式调和工具从第一个拖动到第二个，在属性栏里调整步长至合适数量，在路径属性—新路径中，再选择前面所绘制的曲线（图6-34）。

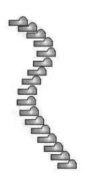

图6-34

⑤利用上面的办法，可以自由地绘制出需要的拉链（图6-35）。

图6-35

用所学习的知识，把领、袖、袋、钮扣组合成一套完整的衬衣。

学习评价

学习要点	我的评分	小组评分	教师评分
画出3种不同的领型（30分）			
画出3种不同的袖型（30分）			
画出3种不同的袋型（20分）			
画出3种不同的服饰配件（20分）			
总　分			

》》》》》学习任务七
服装款式图的整体绘制

[学习目标]　综合运用前面的基本技巧,掌握裙、裤、上装的画法,形成准确的比例,培养正确的审美。

[学习重点]　上装的画法。

[学习课时]　20课时。

一、裙子的画法

①用贝塞尔工具画出裙子的基本外轮廓,用形状工具修改调整(图7-1)。

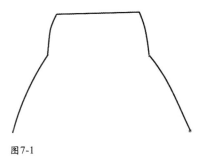

图7-1

②用手绘工具(快捷键:F5)画出裙摆部分的波浪皱褶,不理想的部分用形状工具修改(图7-2)。

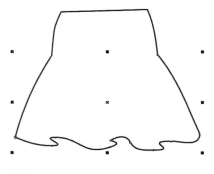

图7-2

③用艺术笔工具，在属性栏里选择合适的笔触，画出褶裥（图7-3）。

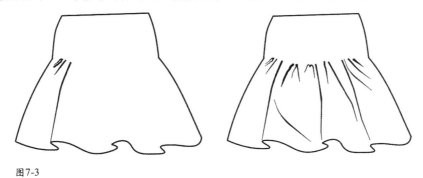

图7-3

注意疏密、大小、长短的变化，主要的转折部分要与裙摆部分波浪的结构吻合。

④添加其他结构线、缝合线，完成（图7-4）。

图7-4

二、短裤的画法

①用贝塞尔工具画出半边裤子的形状，并用形状工具调整到位，对称复制一个到另一边（图7-5）。

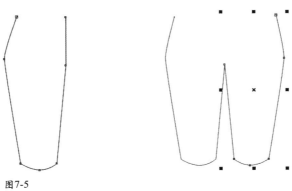

图7-5

②用贝塞尔工具添加其他结构线（图7-6）。

图7-6

③调整线宽为0.7 mm，用艺术笔工具添加衣纹，注意在属性栏选择合适的笔触（图7-7）。

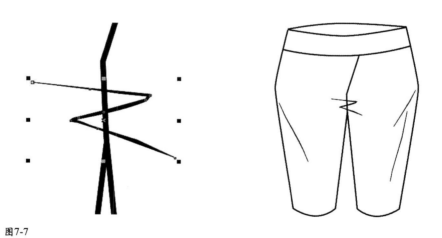

图7-7

④用矩形工具组合形状工具画出腰带及襻带（图7-8）。

图7-8

⑤选中腰带,用橡皮擦工具擦除不需要的部分,并把袢带填充白色,以区别重叠关系(图7-9)。

图7-9

⑥添加明线,完成(图7-10)。

图7-10

三、衬衫的画法

①用标尺线先确定一个宽2/长3的基本比例(图7-11虚线部分),用贝塞尔工具画出左边的衣身及领,注意领宽、肩宽、衣长与辅助线的位置关系。

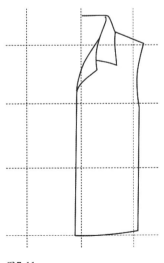

图7-11

②用贝塞尔工具画出衣袖，并用形状工具加以调整（图7-12）。

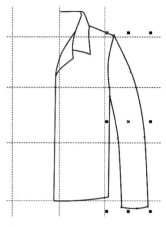

图7-12

③用贝塞尔工具画出分割线，并用形状工具调整到合理位置（图7-13）。

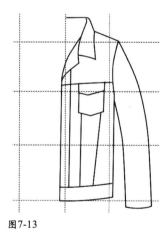

图7-13

④选中全部线条，拖动左边的控制点到右边，保持住鼠标左键、按住Ctrl键的同时，点击右键，完成对称复制，并移动到合理位置（图7-14）。

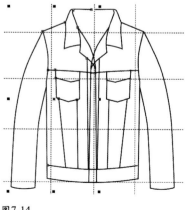

图7-14

⑤选中有重叠关系的线条，用橡皮擦工具（快捷键：X）擦除不需要的线条，用贝塞尔工具结合形状工具，画出如图的形状，注意衣片重叠关系及穿插效果（图7-15）。

图7-15

⑥用贝塞尔工具画出衣领处及下摆后面的线条，逐步完善袖口以及其他线条（图7-16）。

图7-16

⑦选中需要明缉线旁边的结构线条，拖动到明缉线位置，保持按住左键不动同时按下右键，复制一条明缉线，并移动到合理位置，再在属性栏修改线条为虚线（图7-17）。

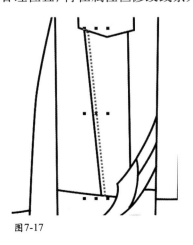

图7-17

⑧用同样的方法，在需要明缉线的位置添加明缉线（图7-18）。

图7-18

⑨用前面学习的方法画出纽扣，并复制放置到合理位置（图7-19）。

图7-19

知识链接

　　在调色板的色块上单击左键，可以对选中的封闭图形进行填色；在调色板的色块上单击右键，可以对选中的图形的线条进行着色。

四、西装的画法

　　①用标尺线先确定一个宽2/长3的基本比例（图7-20虚线部分），用贝塞尔工具画出右边的衣身及领。注意腰节、衣长、肩宽与标尺线对应的位置，领宽为肩宽的1/3为宜。

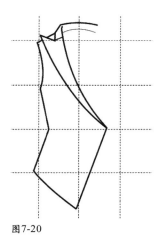

图7-20

②选中刚才绘制的全部线条,拖动最左边的控制点到右侧,保持鼠标左键不放,按住Ctrl键的同时,点击右键,对称复制到另一侧,并移动到合适位置(图7-21)。

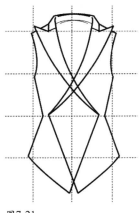

图7-21

③选中要擦除的线条,用橡皮擦工具(快捷键:X)擦除不需要的部分,结合形状工具(快捷键:F10),调整线条到需要的位置(图7-22)。

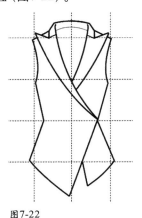

图7-22

④用贝塞尔工具绘制出左边的袖子造型,注意袖子的长度与衣长之间的关系,并对称复制到右侧,调整好位置(图7-23)。

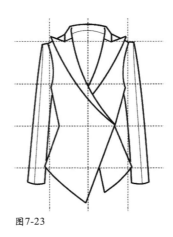

图7-23

⑤用贝塞尔工具绘制出分割线，注意调整外轮廓线及主要结构线宽度为0.7 mm，内部结构线及次要线宽度为0.5 mm（图7-24）。

图7-24

⑥继续用贝塞尔工具绘制出衣纹（图7-25）。

图7-25

⑦添加衣片后下摆部分，添加明缉线，用艺术笔对衣纹作美化处理（图7-26）。

图7-26

五、外套的画法

①用标尺线确定一个宽2/长3的基本比例（图中虚线部分），用贝塞尔工具绘制出左边衣身及领的基本形状，注意肩宽、腰节、衣摆的位置，领宽根据造型确定位置，一般在肩宽的1/3为宜（图7-27）。

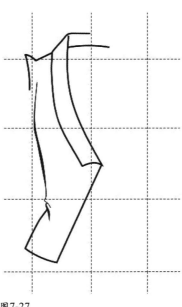

图7-27

②选中前面绘制的所有线条，拖动最左边的控制点到右侧，保持按住鼠标左键不放，按住Ctrl键的同时点击右键，对称复制一个图形，并移动到合适位置（图7-28）。

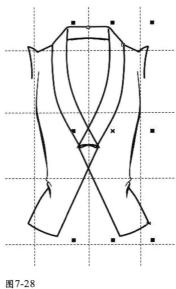

图7-28

③选中要擦除的线条，用橡皮擦工具（快捷键：X）擦除不需要的部分，结合形状工具（快捷键：F10），调整线条到需要的位置（图7-29）。

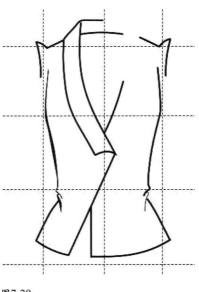

图7-29

④用手绘工具自由画出荷叶领的基本弧线，结合形状工具调整到合适造型（图7-30）。

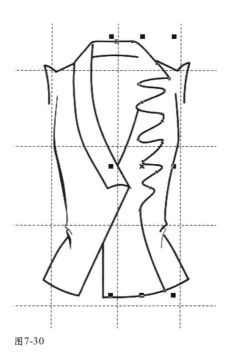

图7-30

　　⑤用贝塞尔工具画出荷叶的折转边缘（红色线条），注意线条方向与整个荷叶领方向的协调（图7-31）。

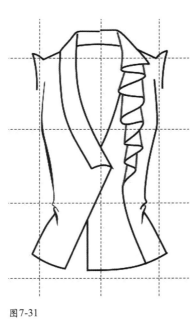

图7-31

　　⑥用贝塞尔工具画出左边袖子线条，注意袖肘处与腰节的对应位置，袖长控制在合理范围，并在转折处画出适当的衣纹。用对称复制方法，把袖子复制到右边（图7-32）。

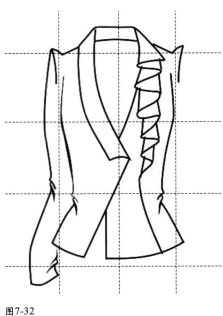

图7-32

⑦用贝塞尔工具画出分割线、后领贴、后下摆露出部分（图7-33）。

图7-33

⑧添加明缉线等需要完善部分（图7-34）。

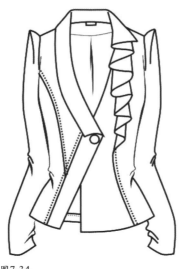

图7-34

  改变选中物件线的宽度，一种办法是直接在属性栏里选择合适的线宽进行设置，另一种办法是进入轮廓笔对话框，对线的宽度及颜色进行设置。

六、根据图片实物绘制款式图

  ①仔细观察实物，首先分析外形，用标尺线确定出基本比例（宽2/长3，略修长），用贝塞尔工具画出左侧的基本上衣形状（图7-35、图7-36）。

图7-35

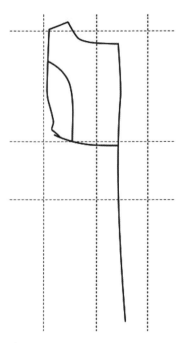

图7-36

②对称复制，用挑选工具移动到合适位置（图7-37）。

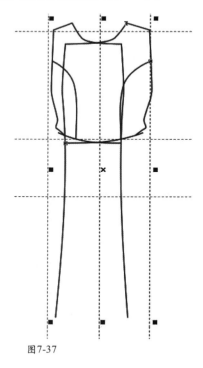

图7-37

③选中重叠的线条，用橡皮擦工具擦除不需要的部分，并用形状工具随时调整线条形状（图7-38）。

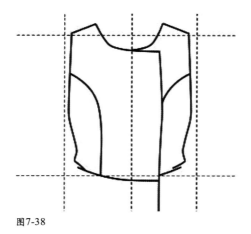

图7-38

④用贝塞尔工具画出袖子的基本形状,再用形状工具调整到理想位置。注意袖山部分的重叠关系,袖子衣纹线的规律及画法(图7-39)。

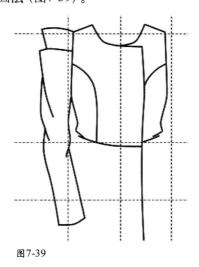

图7-39

⑤对称复制到另一边,并用挑选工具移动到准确位置(图7-40)。

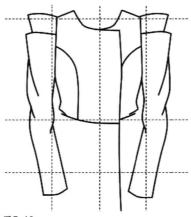

图7-40

⑥用贝塞尔工具画出裙摆，再用橡皮擦工具擦除被袖子遮挡的部分（图7-41）。

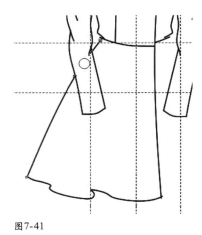

图7-41

⑦用贝塞尔工具画出裙摆的衣纹，注意衣纹的方向呈扇形分布（图7-42）。

图7-42

⑧对称复制一个裙摆，用挑选工具移动到合理位置，再用橡皮擦工具擦除不需要的线条，并用形状工具作适当的修改（图7-43）。

图7-43

⑨用贝塞尔工具画出后领及领贴边，使用椭圆形工具（快捷键：F7），按住Ctrl键画出一个圆形纽扣，复制到相应位置（图7-44）。

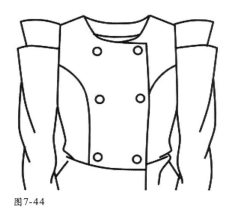

图7-44

⑩复制需要明线的位置的线条，修改成虚线，移动到相应位置，形成明线，再添加少量衣纹（图7-45）。

图7-45

⑪还可用艺术笔工具画出带有笔触的线条，丰富款式图的表现力（图7-46）。

图7-46

⑫如图7-47在Photoshop中添加面料并做出明暗效果（操作方法详见任务八中关于面料的处理）。

图7-47

练一练

选一个系列服装，在软件里进行绘制。

学习评价

学习要点	我的评分	小组评分	教师评分
画出2款裙子（20分）			
画出2款裤子（20分）			
画出3款上装（30分）			
根据图片画出3款服装（30分）			
总　分			

学习任务八
款式图的后期处理

> [学习目标]　用Photoshop、CorelDRAW进行面料的设计，对服装进行色彩搭配、图案的
> 　　　　　　处理，形成简单的明暗效果。
>
> [学习重点]　面料设计、图案的处理。
>
> [学习课时]　12课时。

一、面料的绘制

面料的绘制是增加服装款式图表现力的重要手段，面料的绘制多数时候是在Photoshop软件里制作，利用滤镜的反复处理来完成，下面举几个例子来练习。

1.麻织物的绘制

①新建命令，建立一个名为"麻织物"的新文件，宽度和高度设为10 cm，分辨率设为72，格式为RGB颜色，内容为白色，颜色填充为褐色。

②执行滤镜—杂色—添加杂色命令，在弹出对话框中选中单色复选框，数量为80%。分布为高斯分布。

③执行滤镜—模糊—动感模糊命令，在弹出的对话框中设置角度为0°，距离为20像素。

④执行滤镜—锐化命令。

⑤复制一层，旋转90°，设置不透明度为50%。

效果如图8-1。

图8-1

2.珍珠呢的绘制

①新建命令,建立一个名为"珍珠呢"的新文件,宽度和高度设为10 cm,分辨率设为72,格式为RGB颜色,内容为白色,颜色填充为褐色。

②执行滤镜—杂色—添加杂色命令,在弹出对话框中选中单色复选框,数量为400%。分布为高斯分布。

③执行滤镜—模糊—动感模糊命令,在弹出的对话框中设置角度为45°,距离为12像素。

④执行滤镜—模糊—动感模糊命令,在弹出的对话框中设置角度为-45°,距离为12像素。

⑤执行滤镜—风格化—风命令,在弹出的对话框中选择"飓风"单选按钮,风向为从右。

⑥执行图像—调整—自动色阶命令。

⑦执行图像—调整—变化—命令,在所需的颜色上单击,调整到需要的颜色。

效果如图8-2。

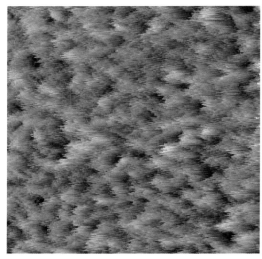

图8-2

3.迷彩面料的绘制

①执行新建命令,建立一个名为"迷彩面料"的新文件,宽度和高度设为10 cm,分辨率设为72,格式为RGB颜色,内容为白色,前景色设置为草绿色,背景色为深褐色.然后用前景色填充图层。

②执行滤镜—杂色—添加杂色命令,在弹出对话框中选中单色复选框,数量为60%,分布为平均分布。

③执行滤镜—像素化—晶格化命令,设置单元格大小为33。

④执行滤镜—杂色—中间值命令,设置半径为5像素。

⑤为了使图像色彩更加接近满意效果,执行图像—调整—色彩平衡命令,调整图像的色阶直至达到满意的效果。

效果见图8-3。

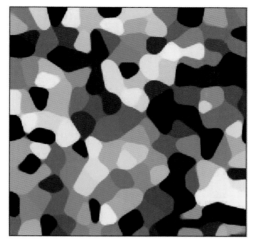

图8-3

4.牛仔面料的绘制

①新建一个文件,宽度和高度都为5像素,背景为透明(图8-4)。

图8-4

②在对角线上填充1像素的白色斜线(图8-5)。

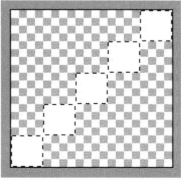

图8-5

③编辑—定义图案—命名图案名为"牛仔"（图8-6）。

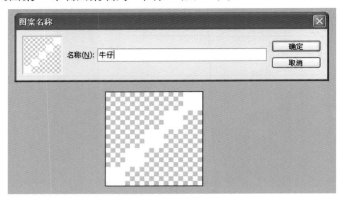

图8-6

④新建一个文件，长宽为10 cm，背景为白色，填充牛仔面料的常见基色——蓝色（图8-7）。

图8-7

⑤新建一个图层，编辑—填充—内容选择之前定义的名为"牛仔"的图案（图8-8）。

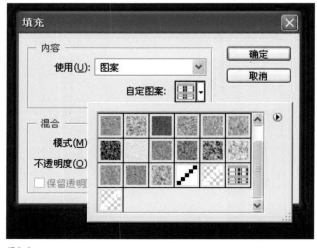

图8-8

⑥滤镜—杂色—添加杂色滤镜（图8-9）。

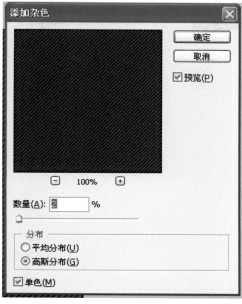

图8-9

⑦滤镜—艺术效果—胶片颗粒滤镜（图8-10）。

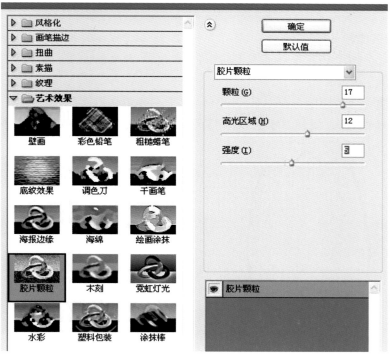

图8-10

⑧选择画笔工具，在属性栏调整不透明度为30，流量为30，在四角画上暗角（图8-11）。

图8-11

5.植物花卉面料的绘制

本例讲解一个在CorelDRAW里面绘制简单花朵的过程，其他形状的花朵、叶子等可以参照这个办法进行绘制。

①使用贝赛尔工具绘制花瓣外形，并用形状工具调整到合适位置（图8-12）。

②添加花瓣的纹理，增加立体感（图8-13）。

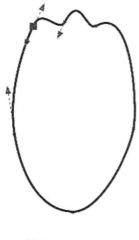

图8-12

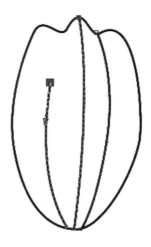

图8-13

③用填充工具选择合适的色彩进行渐变填充（图8-14）。

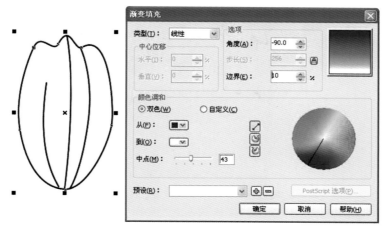

图8-14

④对填充后的花瓣进行群组操作（快捷键：Ctrl+G），并把群组后的物体的中心点移动到最下面合适位置，以方便下一步的旋转复制（图8-15）。

⑤双击花瓣，拖动旋转控制点同时按住Shift键进行旋转复制（图8-16、图8-17）。

图8-15   图8-16   图8-17

⑥对形成的单个花朵可以进行复制，进行大小的变化，形成组合图案（图8-18），也可以利用步长和重复操作得到二方连续图案（图8-19）。

图8-18

图8-19

⑦最终效果如图8-20。

图8-20

知识链接

　　分辨率决定了位图图像细节的精细程度。通常情况下，图像的分辨率越高，所包含的像素就越多，图像就越清晰，印刷的质量也就越好。同时，它也会增加文件的大小。描述分辨率的单位有：dpi（点每英寸）和ppi（像素每英寸）。一般而言"像素"存在于电脑显示领域，而"点"出现于打印或印刷领域。

二、在款式图中运用面料图案

1.为款式图着色

　　①在Photoshop里打开线描的款式图，复制一层命名为"线描"，再新建一层命名为"面料"（图8-21）。

图8-21

　　②在前景色处设置好需要的颜色，在线描层用魔术棒工具选择需要着色的区域，可按住Shift键连续选取，然后切换到面料层，按Alt+Delete进行填充着色（图8-22）。

图8-22

③用加深减淡工具，对着色的领的部分进行明暗处理，形成立体感（图8-23）。

图8-23

④用同样的办法在线描层选择需要进行着色的部分，在面料层填充需要的颜色（图8-24）。

图8-24

⑤选择画笔工具，前景色调为黑色，在属性栏调整画笔的不透明度、流量到合适数值，在领的下面浅黄色层上画出阴影，形成领的投影（图8-25）。

图8-25

⑥综合运用前面的方法, 对款式图进行着色, 再进行立体化处理 (图8-26)。

图8-26

2.在款式图中添加面料

①在Photoshop里打开线描的款式图, 复制一层命名为"线描", 再新建一层命名为"面料"(图8-27)。

图8-27

②打开面料文件, 按F键, 当出现两个窗口时, 用移动工具把面料拖入款式图窗口 (图8-28)。

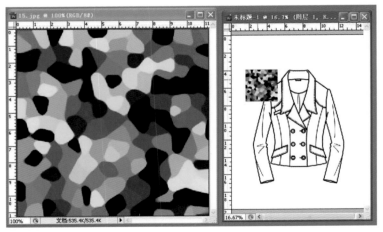

图8-28

③最大化款式图窗口，自由变换（快捷键：Ctrl+T）调整面料图案大小至合适，再用图章工具加工面料至覆盖住整件服装为止（图8-29）。

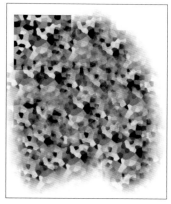

图8-29

④关闭面料层，选中线描层，用魔术棒工具选中需要填充面料的区域，反向选择（快捷键：Shift+Ctrl+I），选中面料层，打开面料层，按Delete键删除多余面料（图8-30）。

图8-30

⑤设置前景色为草绿色，选中线描层，用魔术棒工具选中领、袋盖等需要填充色彩的区域，填充前景（图8-31）。

图8-31

⑥设置前景色为深色，用画笔工具，调整属性栏里的不透明度、流量至合适数值。在线描层选中需要做明暗的区域，再选中面料层，在上面画出明暗（图8-32）。

图8-32

⑦用同样的办法可以为前面的牛仔衬衣添加面料，并做出明暗效果（图8-33）。

图8-33

3.植物花卉等图案在款式图中的处理

①在Photoshop中打开款式图和图案，把图案拖入裙子窗口（图8-34）。用魔棒工具选择图案的白色背景，并删除（图8-35）。

图8-34   图8-35

②构思图案的搭配与位置，用自由变形工具对图案进行处理，并摆放到合适位置（图8-36）。根据色调的需要对图案进行色相/饱和度的调整（图8-37）。

图8-36   图8-37

③最后完成效果（图8-38）。用同样的办法可以把图案处理到不同的位置（图8-39）。

图8-38

图8-39

练一练

　　选一种自己喜欢的花卉，绘制出花朵形状，并把它制作成二方连续图案和四方连续图案。

学习评价

学习要点	我的评分	小组评分	教师评分
绘制3种面料（30分）			
绘制2种花卉图案（30分）			
在款式图中运用图案（40分）			
总　分			

拓 展 提 高 篇

TUOZHAN TIGAOPIAN »»»

[综　　述]

通过款式图版面布局、表现技法以及表现风格的学习，掌握基本的版面处理技巧，了解不同的技法与风格，进一步拓展学生的视野，提高学生的审美能力，引导学生选择更合适的方式表达自己的设计意图。同时，掌握简单的装裱方法。

[培养目标]

①正确地进行版面布局。

②进行不同的技法尝试。

③装裱自己的作品。

[学习手段]

收集资料，临摹实践，小组合作。

⫸⫸⫸⫸⫸ 学习任务九
款式图的版面、技法与风格

[学习目标] 掌握基本的版面安排知识，了解不同风格的款式图的基本特点，掌握1~2种
款式图的表现技法。

[学习重点] 款式图的版面安排，不同技法的尝试。

[学习课时] 6课时。

一、款式图的版面安排

版面安排也称构图，它是服装设计技巧的一个组成部分，是在形式美法则的基础上将服装
各个部分组合成一个整体的过程。

1.平行构图

水平线构图由于水平线自身带来的平稳感，能够表现出平静与稳定的构图（图9-1）。

图9-1

2.穿插构图

服装人体动态变化丰富，相互穿插，各动态与服装款式相互整合，整体效果生动而活泼（图9-2）。

图9-2

3.正背面构图

服装的正背面款式图是全面反映作者设计意图的必要方式,也是常用的版面处理方法,一般正面款式图略大,背面款式图略小,注意处理好两者之间的位置关系 (图9-3)。

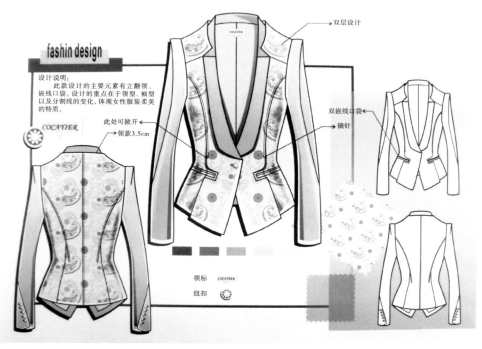

图9-3

4.整体与局部构图

利用局部放大图来进一步对服装的设计细节进行说明，是对服装整体设计的一个补充和完善，在合适的位置进行局部图的安排，丰富画面效果（图9-4）。

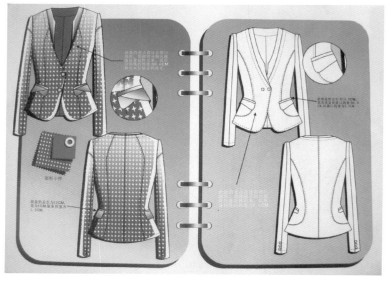

图9-4

二、款式图的表现技法

1.水粉

水粉颜料的色彩比较厚重，覆盖力强，适合表现较厚的呢料、毛料、皮革等面料。一般采用平涂法，也可在需要的地方进行晕染过渡（图9-5）。

图9-5

2.水彩

简单来说,水彩就是水与色彩的融合,具有色彩明快、亮丽,非常流畅和透明,适合表现多种面料,特别是轻薄的面料(图9-6)。

图9-6

3.彩色铅笔

彩色铅笔是一种非常容易掌握的涂色工具,具有透明度和色彩度,在大多数纸张上使用时都能均匀着色,流畅描绘,适合细致地刻画服装款式、图案、面料等(图9-7)。

图9-7

4.马克笔

马克笔的颜料具有易挥发性，常用于一次性的快速绘画，分为水性和油性两种，颜色亮丽有透明感，覆盖性不强，适合快速表达设计灵感（图9-8）。

图9-8

5.计算机

应用于服装设计的计算机软件主要有CorelDRAW、Photoshop、Corel Painter、Illustrator等，这些软件的应用提高了设计效率，增强了作品的表现力（图9-9）。

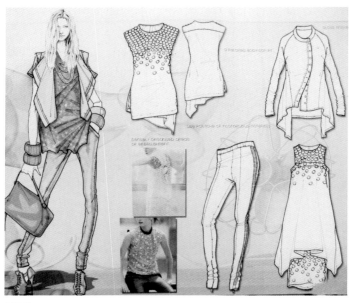

图9-9

三、款式图的表现风格

1.写实风格

服装的构成比例、细节等都以写实为主，它以富于感染力的细节描写，朴素自然地表达设计意图，传递思想感情（图9-10）。

图9-10

2.夸张风格

抓住服装设计中某一方面的特点，进行恰当的强调夸张的设计风格，非常适合表现作者的独特感受和强烈的个性感情（图9-11）。

图9-11

3.写意风格

不以描述细致的服装细节为目的，而是创造一个与服装主题相关的意境，从而表达作者的设计思想（图9-12）。

图9-12

4.装饰风格

装饰风格的设计通常线条硬朗，色块明快，画面具有浓郁的装饰味，通常适合表达一些特定的主题（9-13）。

图9-13

学习要点	我的评分	小组评分	教师评分
版面布置（30分）			
尝试两种以上的技法（70分）			
总　分			

>>>>>>> 学习任务十
款式图的装裱

> [学习目标]　了解款式图基本的装裱材料,掌握基本的款式图装裱技法。
>
> [学习重点]　掌握基本的款式图装裱技法。
>
> [学习课时]　5课时。

　　款式图完成后多以平面的方式进行展示,如何对作品进行美化是一个非常重要的环节。中国书画的装裱中常有"三分画七分裱"的说法,好的版面设计和装裱不仅可以弥补部分作品的不完美,还可以给优秀的作品增彩,提升作品的魅力。装裱是在画好的作品背面粘贴一层卡纸、KT板或其他材料(图10-1),使作品牢固结实、平整美观。卡纸的类型、颜色、厚薄可根据作品的风格来选择,卡纸的大小一般采用标准A2(594 mm×420 mm)、A3(420 mm×297 mm)或A4(297 mm×210 mm)等尺寸。KT板是一种常见的广告材料,可切割成需要的大小。

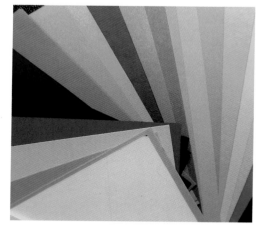

图10-1

一、装裱方法

　　1.修整作品:用直尺和刀具对完成的作品进行修剪,使作品的四个角呈直角状态。

　　2.选择卡纸:根据画面色调选配卡纸,初学者可选择使用容易把握的黑色、白色、灰色卡纸颜色。

3.装裱作品：把作品粘贴在卡纸上，适当在作品四周留出卡纸边缘。

二、注意事项

1.使用粘贴的胶水时注意不要影响画面的平整度，最好使用固体胶水、双面胶、喷胶等。

2.装裱以衬托作品为主要目的，不宜过度花哨，影响对主体的表现（图10-2）。

图10-2

练一练

①用卡纸装裱自己的作品。

②用喷绘KT板装裱自己的作品。

学习评价

学习要点	我的评分	小组评分	教师评分
款式图的装裱（100分）			
总　分			

参考文献

[1] 栩睿视觉.CorelDRAW服装款式设计案例精选[M].北京：人民邮电出版社，2011.

[2] 高村是州.服装设计表现技法[M].北京：中国青年出版社，2006.

[3] 丁杏子.服装美术设计基础[M].北京：高等教育出版社，2005.

[4] 于国瑞.服装设计基础[M].北京：高等教育出版社，1999.

[5] 郭琦.手绘服装款式设计[M].上海：东华大学出版社，2013.